Khallahi Brahim

Ecologie et biologie de requins

Khallahi Brahim

Ecologie et biologie de requins

Ecologie et biologie de l'émissole lisse Mustelus mustelus (Linné, 1758) sur les côtes de Mauritanie

Presses Académiques Francophones

Impressum / Mentions légales

Bibliografische Information der Deutschen Nationalbibliothek: Die Deutsche Nationalbibliothek verzeichnet diese Publikation in der Deutschen Nationalbibliografie; detaillierte bibliografische Daten sind im Internet über http://dnb.d-nb.de abrufbar.
Alle in diesem Buch genannten Marken und Produktnamen unterliegen warenzeichen-, marken- oder patentrechtlichem Schutz bzw. sind Warenzeichen oder eingetragene Warenzeichen der jeweiligen Inhaber. Die Wiedergabe von Marken, Produktnamen, Gebrauchsnamen, Handelsnamen, Warenbezeichnungen u.s.w. in diesem Werk berechtigt auch ohne besondere Kennzeichnung nicht zu der Annahme, dass solche Namen im Sinne der Warenzeichen- und Markenschutzgesetzgebung als frei zu betrachten wären und daher von jedermann benutzt werden dürften.

Information bibliographique publiée par la Deutsche Nationalbibliothek: La Deutsche Nationalbibliothek inscrit cette publication à la Deutsche Nationalbibliografie; des données bibliographiques détaillées sont disponibles sur internet à l'adresse http://dnb.d-nb.de.
Toutes marques et noms de produits mentionnés dans ce livre demeurent sous la protection des marques, des marques déposées et des brevets, et sont des marques ou des marques déposées de leurs détenteurs respectifs. L'utilisation des marques, noms de produits, noms communs, noms commerciaux, descriptions de produits, etc, même sans qu'ils soient mentionnés de façon particulière dans ce livre ne signifie en aucune façon que ces noms peuvent être utilisés sans restriction à l'égard de la législation pour la protection des marques et des marques déposées et pourraient donc être utilisés par quiconque.

Coverbild / Photo de couverture: www.ingimage.com

Verlag / Editeur:
Presses Académiques Francophones
ist ein Imprint der / est une marque déposée de
AV Akademikerverlag GmbH & Co. KG
Heinrich-Böcking-Str. 6-8, 66121 Saarbrücken, Deutschland / Allemagne
Email: info@presses-academiques.com

Herstellung: siehe letzte Seite /
Impression: voir la dernière page
ISBN: 978-3-8416-2141-2

Sommaire

4

Introduction

Les Elasmobranches, les raies et les requins, sont généralement constitués d'espèces à croissance lente, à durée de vie longue et à maturité sexuelle tardive. Leur faible fécondité rend le recrutement très dépendant du stock de géniteurs, contrairement aux poissons osseux (Holden, 1974). Il en résulte un taux de croissance intrinsèque des populations assez bas (Smith *et al.*, 1998, Camhi *et al.*, 1998, Musick *et al.*, 2000) et une très faible résilience à la mortalité par pêche (Hoenig et Gruber, 1990) d'où une forte vulnérabilité à l'exploitation. La reconstitution des stocks d'Elasmobranches après une surexploitation est beaucoup plus lente que celle des poissons osseux. Les mesures d'aménagement doivent donc faire l'objet d'une attention particulière.

D'après Bonfil (1994), leur exploitation dans le monde a connu 3 principales étapes. Avant la 2e guerre mondiale, ces ressources ne faisaient pas l'objet d'un ciblage des pêcheries mondiales à cause de leur faible valeur marchande et de leur faible niveau d'abondance dans les océans. Elles n'étaient alors capturées que de façon incidente. A partir de la 2e guerre mondiale, un accroissement continu de la pression de pêche sur ces ressources a été constaté, causé par un développement des pêcheries et l'augmentation de la population mondiale. Le boom économique des pays asiatiques s'est accompagné d'une forte demande sur la soupe d'ailerons d'Elasmobranches, le prix sur le marché passe de 1 dollar / lb (poids sec) vers la moitié des années 1980 à 30 dollars en 1990 (Musick *et al.*, 2000). Ces prix excessifs provoquent une réaction des pêcheurs, dans le monde entier, qui recherchent systématiquement ces ailerons (Rose, 1996). Seuls les ailerons des poissons capturés sont conservés (coupés), les carcasses, de moindre valeur commerciale, sont rejetées en mer. Parfois, les requins et les raies sont rejetés vivants dépourvus de leurs ailerons. Cette pratique répandue dans tous les pays, y compris les pays d'Afrique de l'Ouest dont la Mauritanie, en contradiction avec les recommandations de la FAO (FAO, 1991), suscite une vive réaction de la communauté internationale. Face à une telle situation, certains pays interdisent les débarquements des ailerons.

La Mauritanie s'est engagée dans un plan d'actions sous-régional de limitation des captures de raies et de requins et une amélioration des connaissances sur les espèces exploitées. Ainsi, elle s'est inscrite, par l'intermédiaire du Parc National du Banc d'Arguin, dans un processus de limitation des captures de raies et de requins à l'intérieur du Banc d'Arguin dont la finalité était un arrêt total de leur capture à partir de 2004. De même, l'Institut Mauritanien de Recherches Océanographiques et des Pêches (IMROP) qui a pour mission de suivre l'exploitation des ressources halieutiques mauritaniennes en vue de fournir un avis sur l'aménagement des ressources aux décideurs du secteur des pêches a conduit depuis 1998 un programme sur l'étude des Elasmobranches. Ce programme s'intéresse aux données de statistiques de pêche de ces ressources jugées peu fiables (car agrégées et sous-estimées) et à leur écologie et biologie. Le système de statistiques visant un affinement des données de captures a été conçu et prévoit un détail par espèce des captures autant que cela est possible. A cet effet, une nomenclature nationale a été élaborée afin d'uniformiser les dénominations des captures. L'étude écologique et biologique, entamée sur les espèces de raies et de requins au Banc d'Arguin, se poursuit dans le cadre de la présente étude qui s'insère dans la ligne directrice des recherches appliquées que mène l'institut. En effet, il s'agit pour nous de répondre à un ensemble de questions: pourquoi l'émissole lisse n'est-elle débarquée que dans la zone nord du plateau continental mauritanien? Effectue-t-elle une migration dans les eaux du pays? Y a-t-il une périodicité dans sa pêche? Peut-elle soutenir une pêche durable sous sa forme actuelle? Profite-t-elle de la principale mesure d'aménagement des ressources halieutiques mauritaniennes qui est la fermeture de la pêche en septembre et octobre?

Le travail présenté ici, en réponse à ces questions, s'articule autour de:

- La zone d'étude à travers l'environnement dans lequel vit l'espèce. Il sera question de l'ensemble des facteurs pouvant influencer la distribution, l'écologie et la biologie de *Mustelus mustelus* en Mauritanie. Cela concerne aussi bien la description de la structure sédimentaire des fonds océaniques que le régime hydrologique, les catégories de masses d'eau, les saisons et l'upwelling qui caractérisent le plateau continental mauritanien;

- L'alimentation de *M. mustelus* sera étudiée afin de savoir quelles sont ses principales proies;

- La répartition spatiale de cette émissole sur l'ensemble du plateau continental sera étudiée en partageant ce dernier en zones nord Cap Timiris et sud Cap Timiris. La variation de la répartition temporelle sera analysée sous l'angle des répercussions du régime hydrologique et des autres facteurs environnementaux sur les déplacements bathymétriques de la population et d'un éventuel comportement par sexe ou par taille de l'espèce;

- La reproduction de l'espèce sera étudiée dans l'optique de bien connaître ses paramètres utiles en aménagement des ressources. Après une présentation des appareils génitaux de la femelle et du mâle, utiles à la compréhension de la maturation, les variations saisonnières du cycle annuel seront étudiées pour mieux préciser la période de reproduction (accouplement, ovulation, fécondation, parturition) , la taille de première maturité sexuelle, la durée de la gestation et la fécondité;

- L'âgeage et la croissance permettront de mieux connaître la démographie des populations exploitées par la pêche en Mauritanie.

I. L'émissole lisse *Mustelus mustelus*

20 cm

1. Position systématique et morphologie

Classe:	Elasmobranches
Ordre:	Carcharhiniformes
Famille:	Triakidae
Espèce:	*Mustelus mustelus* (Linnaeus, 1758)

Noms vernaculaires: Emissole lisse Fr., Smoothound En., Musola Sp.

Synonymie

Squalus mustelus Linnaeus (1758), Bonnaterre (1788), Blainville (1825)

Mustelus laevis Duméril (1865), Günther (1870), Moreau (1881), Carus (1893), Risso (1826)

Mustelus vulgaris Cloquet (1821)

Mustelus punctulatus Risso (1826), Moreau (1881), Müller et Henle (1841)

Mustelus equestris Bonaparte (1834), Canestrini (1875), Doderlein (1881)

Mustelus mustelus Tortonèse (1956), Wheeler (1969), Maurin et Bonnet (1970)

Mustelus canis Lozano Rey (1928), Fowler (1936), Cadenat (1950)

Galeorhinus punctulatus Garman (1913)

Galeorhinus laevis Garman (1913)

9

Principaux caractères morphologiques (d'après FAO, 1981, modifié):

- Le dos et les flancs sont gris, le ventre est blanc;
- La tête est aplatie et le museau est relativement long; les orifices des narines sont bordés de replis nasaux larges et longs;
- Les yeux sont ovales en position latéro-dorsale;
- Les 2 dernières fentes branchiales sont situées au-dessus de la base des nageoires pectorales;
- La première nageoire dorsale est située entre les bases des pectorales et des pelviennes. Son origine est au-dessus du milieu du lobe postérieur du lobe interne de la pectorale;
- La seconde nageoire dorsale est légèrement plus petite que la première.

2. Eléments de distribution, de biologie et de pêche

L'espèce est répandue sur le plateau continental des pays de l'Atlantique Est, le long des côtes anglaises, françaises et espagnoles. Elle fréquente les côtes africaines du Maroc à l'Afrique du sud. Elle est aussi présente dans toute la Méditerranée (Fig. 1). *M. mustelus* se répartit sur l'ensemble du plateau continental et la partie supérieure du talus continental, à des profondeurs pouvant aller jusqu'à 350 m, mais son abondance se situerait dans les eaux côtières de 5 à 50 m (Compagno, 1984; FAO, 1981).

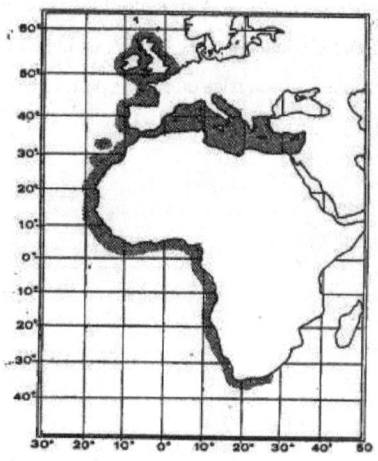

Fig. 1 – Aire de distribution de *M. mustelus* (d'après Compagno, 1984)

L'émissole lisse est un requin benthique ne dépassant pas 165 cm de longueur totale (De Madalena *et al.*, 2001) qui se déplace sur les fonds sableux où elle trouve sa nourriture; elle ne remonte en surface qu'occasionnellement (Smale et Compagno, 1997). Elle s'alimente surtout de Crustacés, de Céphalopodes et de poissons osseux (Compagno, 1984).

L'espèce est vivipare; les embryons se développent d'abord par l'intermédiaire d'un sac vitellin qui se résorbe et sera remplacé par un placenta de type épithélio-chorial. La durée de la gestation est de 10 à 11 mois et la taille à la naissance serait de 39 cm. La maturité sexuelle se situerait entre 70 et 74 cm pour les mâles et les femelles (Compagno, 1984).

L'émissole lisse fait l'objet d'une activité de pêche dans les eaux atlantiques et méditerranéennes d'Europe et africaines de l'ouest. Les engins utilisés sont: le chalut démersal (surtout), le filet droit, les lignes à main et occasionnellement le chalut pélagique (FAO, 1981). En Mauritanie, ce sont le chalut par les unités de Pêche Industrielle et le filet droit par celles de la Pêche Artisanale. Elle est commercialisée sous diverses formes dans le monde (fraîche, congelée, salée séchée, en huile de foie et farine de poisson); en Mauritanie, elle n'est vendue que congelée ou séchée pour être principalement exportée vers le marché européen.

II. La zone d'étude

1. Géomorphologie des côtes mauritaniennes

Les côtes mauritaniennes s'étendent sur 720 km de longueur; le plateau continental a 39000 km^2 de superficie dont 9000 km^2 pour l'ensemble Baie du Lévrier – Banc d'Arguin (Domain, 1985). Elles sont limitées par les parallèles 16°04' N au sud et 20°36' N au nord. La Baie du Lévrier pénètre dans le continent en direction du Nord portant ainsi la limite intérieure nord à 21°12 N (Fig. 2).

Le Cap Timiris divise le plateau continental mauritanien en deux parties distinctes, l'une située au nord et l'autre au sud du Cap. La partie située au nord comprend l'ensemble Baie du Lévrier – Banc d'Arguin; à ce niveau le plateau continental atteint sa largeur maximale de 60 à 90 km.

La Baie du Lévrier, creusée d'un profond chenal, très fréquenté par les navires en raison de la position du Port Autonome de Nouadhibou, se prolonge par la Baie d'Archimède au nord et communique avec le Banc d'Arguin par une dépression située au nord du Banc (Reyssac, 1977). Outre cette dépression, où les profondeurs peuvent atteindre 20m, le Banc d'Arguin est constitué d'une zone de hauts fonds, en forme de losange dont le grand axe passe par le Cap Timiris et le fond de la Baie du Lévrier (Baie d'Archimède). Dans cette partie, les profondeurs n'excédent pas en général 4 m. Le grand banc, situé au milieu du Banc d'Arguin, occupe une grande superficie et limite les échanges entre la partie littorale et l'océan. Au sud du Banc d'Arguin existent de nombreuses îles (la plus grande est Tidra) situées au voisinage d'une mangrove résiduelle d'*Avicennia africana* (Domain, 1985). Cuq (1996) a mis en évidence un important couvert végétal constitué par la mangrove résiduelle, des zostères, mais aussi par des spartines et des diatomées. Il a estimé à plus de 19000 ha la superficie de ce couvert, soit 72,8 % de la zone intertidale.

Les conditions environnementales peuvent devenir extrêmes dans le Banc d'Arguin. La température et la salinité varient considérablement; seules les espèces tolérantes, acceptant de grands écarts de conditions de milieux, peuvent y survivre.

Les fonds du plateau continental mauritanien sont généralement peu accidentés. Au sud ouest du Banc d'Arguin, le rebord du plateau est profondément entaillé de nombreuses

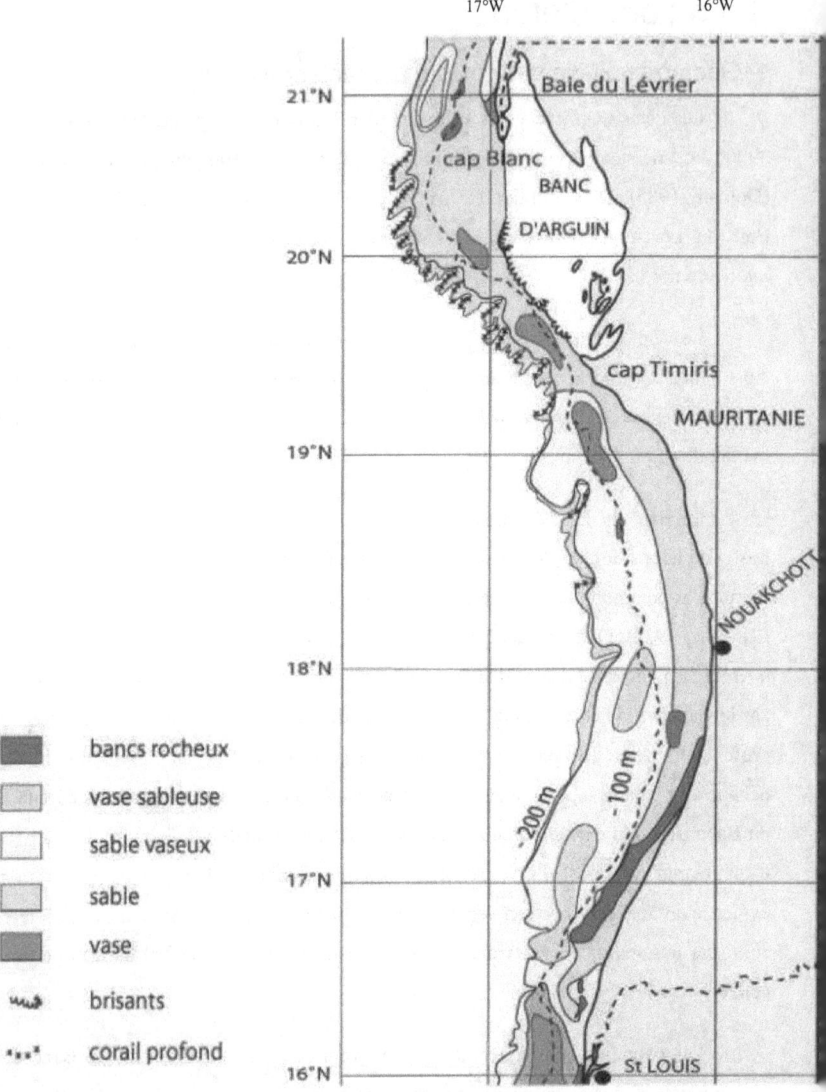

Fig. 2 – Nature sédimentaire des fonds du plateau continental mauritanien
(d'après Domain, 1980 modifié)

fosses qui peuvent arriver au contact du grand banc. A ce niveau, les fonds de −10 m peuvent avoisiner ceux de −300 ou −400 m (Maigret et Ly, 1986; Domain, 1985; Dedah, 1995).

Au sud du Cap Timiris, la largeur du plateau continental varie de 15 km en face du Cap Timiris à 30 km plus au sud. L'isobathe des 200 m s'incurve régulièrement vers le sud en suivant le contour de la côte décrivant ainsi un arc de cercle ouvert vers l'ouest. Dans cette partie, les cordons dunaires sont fréquents le long du littoral. Ils isolent de la mer des zones humides sursalées correspondant à d'anciennes lagunes où l'évaporation peut devenir très importante. Ces zones humides sont appelées localement "Sebkhas".

Au sud, les fosses sont plus rares qu'au nord du Cap Timiris. Selon Domain (1985), les plus profondes dans cette partie sont rencontrées aux latitudes de 18°40' N, 18°05' N et 16°50' N.

2. Conditions météorologiques

La zone d'étude est située dans une région aride; les conditions météorologiques y sont sous l'effet de l'oscillation latitudinale de la zone intertropicale de convergence (ZITC) qui sépare les hautes pressions de l'Atlantique nord de celles de basses pressions de l'Atlantique sud. Il en résulte un climat à deux saisons: une saison relativement froide et sèche, de novembre à mai et une saison chaude et relativement humide, de juin à octobre.

La température du milieu et la nature des sédiments agissent directement sur la distribution de *M. mustelus* et sa biologie. Ces facteurs sont fortement influencés par les conditions météorologiques du pays.

2. 1. Les vents

La Mauritanie est sous l'influence de plusieurs types de vents:

- o L'alizé maritime créé par la zone de hautes pressions de l'anticyclone des Açores. Ce vent frais, plus perceptible au nord du Cap Timiris, souffle de nord à nord-est à une vitesse moyenne de 6 – 8 m/s pouvant atteindre 15 m/s;

o L'alizé continental ou harmattan, de secteur est à nord-est, créé par la zone de hautes pressions située au dessus du Maghreb en hiver et la Méditerranée en été. Ce vent sec et chaud est plus fréquent au sud du Cap Timiris. Il peut devenir très violent et jouer un grand rôle dans la sédimentation par le transport à de longues distances de particules de sable ou de poussière.

o Les vents de la zone inter-tropicale de convergence issus de la rencontre des masses d'air froides du nord et chaudes tropicales;

o Les cyclones dit "d'origine non tropicale" qui soufflent en général de l'ouest vers l'est (Dubrovin *et al.*, 1991).

Les vents de direction NNE sont dominants; leur vitesse moyenne est de 6 – 10 m/s (Tixerant, 1974; Dubrovin *et al.*, 1991). Ils représentent 63,1 % des vents à Nouadhibou (nord de la Mauritanie) soit 230 jours par an (Arfi, 1985) et sont sujets à des variations liées au déplacement du système haute pression des Açores - basse pression équatoriale (Cool *et al.*, 1974; Nieuwolt, 1977; Wanthy, 1983). Au cours de la saison froide, l'anticyclone se positionne entre les latitudes 25° et 30 ° N; la zone de convergence intertropicale se déplace alors le long des côtes africaines de 2° vers le nord, ce qui a pour effet de réduire le gradient de pression. Les vents sont faibles. A la fin de cette saison, en avril-mai, l'anticyclone des Açores se déplace vers le sud et la dépression due au réchauffement printanier sur le continent entraîne la formation d'un gradient plus marqué: les vents se renforcent. A partir d'août - septembre, l'anticyclone occupe sa position la plus septentrionale; il diminue à nouveau les gradients de pression entre l'anticyclone des Açores et la zone équatoriale, réduisant la vitesse des vents.

L'Agence et de la Sécurité de la Navigation Aérienne (ASECNA) collecte 8 fois par jour des données sur la vitesse des vents à Nouakchott et Nouadhibou. Les données de 2000 à 2003 ont été traitées dans le cadre de ce travail pour l'obtention de moyennes mensuelles (Fig. 3). Les vents sont nettement plus violents à Nouadhibou (nord du pays) qu'à Nouakchott (centre sud) où leurs moyennes mensuelles varient dans des ordres de grandeur différents. A Nouadhibou, les vents tendent à être plus forts à partir de janvier (6,8 m/s) à juin (8,6 m/s) et ensuite plus faibles jusqu'à atteindre la valeur minimale mensuelle rapportée en décembre (5 m/s). A Nouakchott, les vents sont beaucoup plus atténués qu'au nord: ils vont de 4,9 m/s en janvier à 5,3 m/s en avril; ils faiblissent ensuite jusqu'au mois de décembre où ils ne sont plus que de 3,9 m/s.

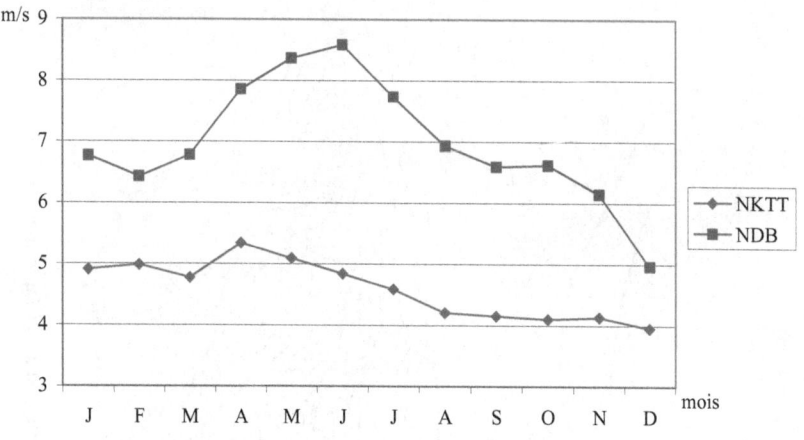

Fig. 3 - Evolution de la vitesse moyenne mensuelle des vents à
Nouakchott (NKTT) et Nouadhibou (NDB)

Les vents jouent un grand rôle dans le déplacement des eaux de surface, le transport du sable ainsi que dans les variations de l'intensité de l'upwelling.

2. 2. Les pluies

Les pluies sont rares sur l'ensemble du pays et la saison des pluies est limitée à la période comprise entre juin-juillet et octobre. La saison sèche s'étend de novembre à mai.

Les pluies dépendent de la position de la zone intertropicale de convergence: les premières pluies commencent à tomber quand elle se déplace au nord en juin-juillet; elles se poursuivent jusqu'au mois d'octobre.

Les pluies sont très rares au nord et augmentent suivant un gradient croissant vers le sud (Fig. 4). Au mois d'août, les précipitations sont maximales. Elles sont estimées à 5 mm dans la zone nord de la Mauritanie (voisinage de Nouadhibou), mais atteignent 100 mm à la frontière sud du pays (Leroux, 1983; Tanaka *et al.*, 1975).

Fig. 4 – Précipitations moyennes en Afrique de l'Ouest en août (d'après Leroux, 1983)

(Isohyètes en mm)

3. Sédimentologie du plateau continental mauritanien

L'émissole lisse est une espèce benthique qui vit au contact immédiat des sédiments, dont la répartition peut donc être influencée par la nature des fonds.

3. 1. Les facteurs de la sédimentation en Mauritanie

La sédimentation sur les fonds océaniques de la Mauritanie dépend d'un ensemble de facteurs:

- Les vents

La Mauritanie est située dans le désert du Sahara qui fonctionne en tant que réservoir de poussières atmosphériques et qui produit la plus grande quantité d'aérosols dans le Monde (Prospero, 1999; Swap *et al.*, 1996; Goudie et Middleton, 2001; Lafon *et al.*, 2004). La principale source de sédimentation en provenance du continent reste la matière en suspension dans l'air (Milliman, 1977; Szekieda, 1978). Selon Lepple (1975) la concentration des poussières atmosphériques peut atteindre 1,04 mg/m^3 dans cette région. Lors d'une tempête qui a duré 6 heures en mars 1974, cet auteur a estimé à 4000 tonnes la quantité de poussières déposée sur une portion de côte de 1 km.

Ces poussières sont déposées localement sur le littoral, au fond de l'océan ou transportées vers d'autres continents selon le diamètre des particules. Des particules inférieures à 10 µm peuvent atteindre les côtes des Etats Unis (Savoie et Prospero, 1977; Prospero, 1999).

- Le fleuve Sénégal

A la frontière sud du pays, ce fleuve charrie des quantités élevées d'éléments fins provenant soit de la destruction des berges soit du ruissellement des pluies. Le dépôt qui en découle alimente la grande vasière qui remonte du Sénégal jusqu'à la latitude 16°30' N (Domain, 1980). Ce dernier a estimé que la quantité transportée par le fleuve Sénégal et déversée en mer pourrait atteindre 1 million de tonnes d'éléments fins par an, mais son impact sur la ZEE mauritanienne reste limité dans le sud.

- Dynamique océanique

La marée, la houle et les courants marins déterminent en partie le transport des sédiments sur le fond des océans. En Mauritanie, la marée est semi-diurne avec un marnage moyen de 1 m. La houle induit un courant de dérive littoral d'environ 0,5 nœud (Domain, 1985). Les courants de fond peuvent devenir violents et contribuer ainsi au déplacement de substrats meubles.

3. 2. La nature des fonds et les types de sédiments

Comme pour la morphologie du plateau continental, la description de la nature des fonds et de la structure sédimentaire sera basée sur une subdivision en deux grandes zones séparées par le Cap Timiris, l'une située au nord et l'autre au sud.

3. 2. 1. La Zone Nord

Au nord des côtes mauritaniennes, les fonds sont formés d'une variété de sédiments allant de la vase au sable, souvent à débris coquilliers. Dans la partie côtière, le sable couvre la grande majorité des fonds (Fig. 2). A partir de 70 m de profondeur, les vases sableuses à teneur élevée en carbonate ($CaCO_3$) remplacent le sable. Les vases occupent les parties supérieures de tout le talus continental.

Dans cette partie du plateau continental, à des profondeurs de 30 et 40 m, deux zones vaseuses d'origine terrigène sont formées par les poussières et sables transportés par les forts vents qui sont souvent observés dans la région (Milliman, 1977). Les upwellings, fréquents dans cette région, contribuent aussi fortement à créer ces formations sablo-vaseuses. Ces deux zones sont localisées à la latitude 20° N et au-dessus du niveau du Cap Timiris.

Les bancs rocheux sont absents de cette zone, mais certains fonds sont difficilement chalutables notamment ceux situés au sud ouest du Cap Blanc. Maurin et Bonnet (1969) et Maigret (1976) ont noté la présence de nombreux affleurements rocheux dans cette zone à des profondeurs de 25 – 30 m. Cette zone est cependant le siège d'une activité de pêche chalutière soutenue (Inejih, 2000). Les coraux profonds longent le rebord du talus continental (profondeur supérieure à 200 m).

Les fonds de la Baie du Lévrier sont dans une grande part couverts de vase (Maigret, 1972). A l'intérieur du Banc d'Arguin, les fonds sont pour la majorité constitués de sédiments meubles; le sable alterne avec la vase. Les rares affleurements rocheux sont situés près des caps et ne couvrent que de faibles surfaces. Les herbiers de phanérogames sont parfois fréquents sur les fonds vaseux du sud du Banc d'Arguin (Wijnsma *et al.*, 1999).

3. 2. 2. La Zone Sud

Au fur et à mesure que l'on s'éloigne de la côte, la couverture sédimentaire change et devient de plus en plus vaseuse. Le long de la frange côtière, un sable grossier recouvre les fonds de 0 à 35-40 m. Les sédiments contiennent des débris coquilliers; les affleurements rocheux sont fréquents et longent le littoral parallèlement à la ligne de côte (Fig. 2). Les bancs rocheux apparaissent au sud de 18°50' N. Un immense banc rocheux continu s'étend vers le sud le long de la côte à partir de la latitude de 17°40' jusqu'à se rapprocher de la frontière maritime avec le Sénégal.

De 40 à 100-150 m, le sable devient vaseux et les affleurements rocheux sont plus espacés. Un seul banc rocheux de petite taille a été signalé autour de 18°45' N. A partir de 150 m, la vase devient plus abondante que le sable. Les coraux profonds, fréquents dans la partie nord du plateau continental, sont rares au sud du Cap Timiris.

Les sédiments à 100 % vaseux au sud du Cap Timiris sont limités à un banc situé au voisinage sud du Cap.

4. Régime hydrologique de la ZEE mauritanienne

4. 1. Les catégories de masses d'eau

De nombreuses études (Allain, 1970; Wozniak, 1970; Fraga, 1974; Peters, 1976; Barton *et al.*, 1982; Manriquez et Fraga, 1982; Tomczak, 1982; Hagen et Schemainda, 1987 et Dubrovin *et al.*, 1991; Domain, 1980; Dedah, 1995) ont mis en évidence plusieurs types de masses d'eaux océaniques le long des côtes mauritaniennes. Huit types de masses d'eau ont été identifiés. Ce sont:

Les eaux de surface du nord

Ces eaux, froides et salées (> 36 p 1000), proviennent de la modification du courant des Canaries lorsqu'il pénètre dans les eaux mauritaniennes. Elles sont plus communément appelées eaux canariennes; leur épaisseur peut atteindre 60 m.

Les masses d'eau de surface du sud

Ces eaux dites aussi eaux guinéennes viennent du sud, sont chaudes (> 26 °) et peu salées (35,3 – 35,7 p 1000) comparées à celles du nord. Elles peuvent s'étendre de la surface jusqu'à des profondeurs de 30 – 40 m. C'est à leur limite nord que se forme le front thermique, situé au niveau du Cap Blanc en août-septembre.

Les masses d'eaux de l'upwelling

Ces eaux salées et froides d'upwelling viennent des profondeurs. Ils sont fréquents dans la région ouest africaine.

Les masses d'eau tropicale

Nées du contre-courant équatorial, elles sont chaudes, salées et peuvent descendre à des profondeurs de 30 à 40 m.

Les masses d'eau appelées de type "A"

Elles sont signalées à l'ouest du plateau continental mauritanien à des profondeurs supérieures à 50 m. Ces eaux pourraient provenir du mélange des eaux canariennes avec celles de l'upwelling du Sahara occidental.

Les masses d'eau centrales sud atlantiques

Ces eaux profondes qui se trouvent de 100 à 600 m, viennent du sud et proviendraient de la convergence subtropicale sud.

Les masses d'eau centrales nord atlantiques

Originaires de la convergence subtropicale nord, ces eaux viennent du nord et du nord-ouest; elles se trouvent à 600 - 900 m de profondeurs.

Les masses d'eau du Banc d'Arguin

Signalées pour la première fois par Peters (1976), ces eaux chaudes et salées sont localisées au sud du Banc d'Arguin dans une zone de canyons. Elles descendent vers le large à une vitesse de 50 m/s jusqu'à des profondeurs de 200 – 300 m; elles créent des anomalies de température et de salinité en décembre et mai, mois pendant lesquels leur densité est maximale. Leur aire de distribution serait relativement localisée. Elles pourraient tirer leur origine de la forte évaporation des eaux du Banc d'Arguin.

Les deux premiers types de masses interagissent en Mauritanie pour définir les quatre saisons hydrologiques.

4. 2. Les variations de températures de l'eau

Les variations de températures au fond sont liées au déplacement de masses d'eaux, mais aussi à l'activité de l'upwelling.

L'étude réalisée en 1991 par Dubrovin *et al.* sur l'hydrologie des eaux mauritaniennes a permis de proposer une classification en saisons, différente de celles adoptées jusqu'alors par d'autres auteurs, Rossignol (1973), Domain (1980), Tchernikov et Damiano (1989) entre autres.

4. 2. 1. Les saisons hydrologiques

En Mauritanie, il existe quatre saisons hydrologiques : deux grandes saisons froide et chaude séparées par deux saisons de transition. Pour la zone de cette étude, seules les températures de surface étaient disponibles; nous avons donc réalisé un traitement des données susceptibles d'influencer la biologie de l'émissole étudiée. Ce sont des données de températures de fond relevées au cours des campagnes océanographies conduites à bord du navire océanographique Al Awam de l'IMROP:

- 2 campagnes de saison froide: avril 1998, avril 2001
- 2 campagnes de transition saison froide-chaude: juillet 1998, juillet 1999
- 4 campagnes de saison chaude: octobre 1997, septembre 2000, septembre 2001 et octobre 2001
- 2 campagnes de transition saison chaude-froide: novembre 2000 et décembre 2001.

Les données de températures relevées près du fond ont été traitées à l'aide du logiciel Surfer version 8. La fonction d'interpolation a permis d'obtenir des isothermes par saison sur l'ensemble du plateau continental.

A partir de janvier, le courant des Canaries couvre la totalité de la ZEE mauritanienne. La saison est caractérisée par une homogénéité des températures (Dubrovin *et al.*, 1991). Sur le plateau continental, les températures de fond relevées lors de campagnes océanographiques ayant servi à l'établissement des figures 5 à 8, fluctuent entre 14° C au large de la zone située au sud du Cap Timiris et 20° C dans le Banc d'Arguin. Dans les environs immédiats du Cap Blanc, où *M. mustelus* est abondante, la température de l'eau varie entre 16,5 et 18° C.

Les températures les plus élevées en cette saison se trouvent dans et en face du Banc d'Arguin (Fig. 5).

Le profil des températures de surface est différent de celui des températures de fond, les premières étant plus sujettes aux mouvements des alizés. Dubrovin *et al.* (1990) ont étudié la distribution des températures de surface sur le plateau continental (Baie du Lévrier et Banc d'Arguin exclus). Ils ont relevé des températures croissantes du nord vers le sud, allant de 17,5° C près du Cap Blanc à 19° C dans la zone sud. La valeur moyenne de la température de surface en saison froide est de 18,4° C sur l'ensemble du plateau continental (Dubrovin *et al.*, 1991).

L'influence du courant de Guinée commence à se faire sentir avec le retrait progressif du courant des Canaries. Les deux courants se mélangent en face de Nouakchott, autour de 18° N (Anonyme, 2002). L'élévation de la température de fond est sensible: elle varie sur le plateau continental (200 m de profondeur) entre 12° C au large de la zone sud du Cap Timiris et 26 ° C dans la partie côtière (Fig. 6). Au sud du Cap Blanc, les températures varient entre 20 et 22° C.

Les températures saisonnières de surface varient entre 19° C près du Cap Blanc à 25° C à la frontière maritime sud de la Mauritanie (Dubrovin *et al.*, 1990). Pour ces derniers, la température moyenne de la saison de transition froide – chaude est de 22,3° C sur le plateau continental.

Le courant des Canaries s'est alors totalement retiré des eaux mauritaniennes, qui sont alors entièrement recouvertes par les eaux du courant de Guinée. Les températures de fond du plateau continental varient entre 14 et 28° C. Les températures les plus élevées sont observées au sud (Fig. 7). Au voisinage sud du Cap Blanc, elles se situent entre 21 et 23° C.

Les températures de surface sont alors élevées: 22° C près du Cap Blanc, 27° C au sud (Dubrovin *et al.*, 1990). Pour Bernikov (1982) la température de saison atteint alors 24-25° C, notamment en septembre, ce qui ne diffère pas beaucoup de la température moyenne signalée par Dubrovin *et al.* (1991): 25,1° C sur l'ensemble du plateau continental.

Le courant de Guinée se retire alors progressivement; il remplacé par le courant des Canaries. La baisse des températures est brutale, surtout en face du Banc d'Arguin où les températures sont proches de celles de la saison froide, conséquence possible de la présence du courant des Canaries dans la partie nord du plateau continental. Les températures de fond varient entre 16° C au large et 22° C près de la côte (Fig. 8). Au sud du Cap Blanc, elles se situent entre 20 et 21° C.

Les températures de surface chutent fortement avec une amplitude faible de 3,5° C entre le nord et le sud. Selon Dubrovin *et al.* (1990) elles varient de 18° à 21,5° C et pour Dubrovin *et al.* (1991) la moyenne est de 20° C.

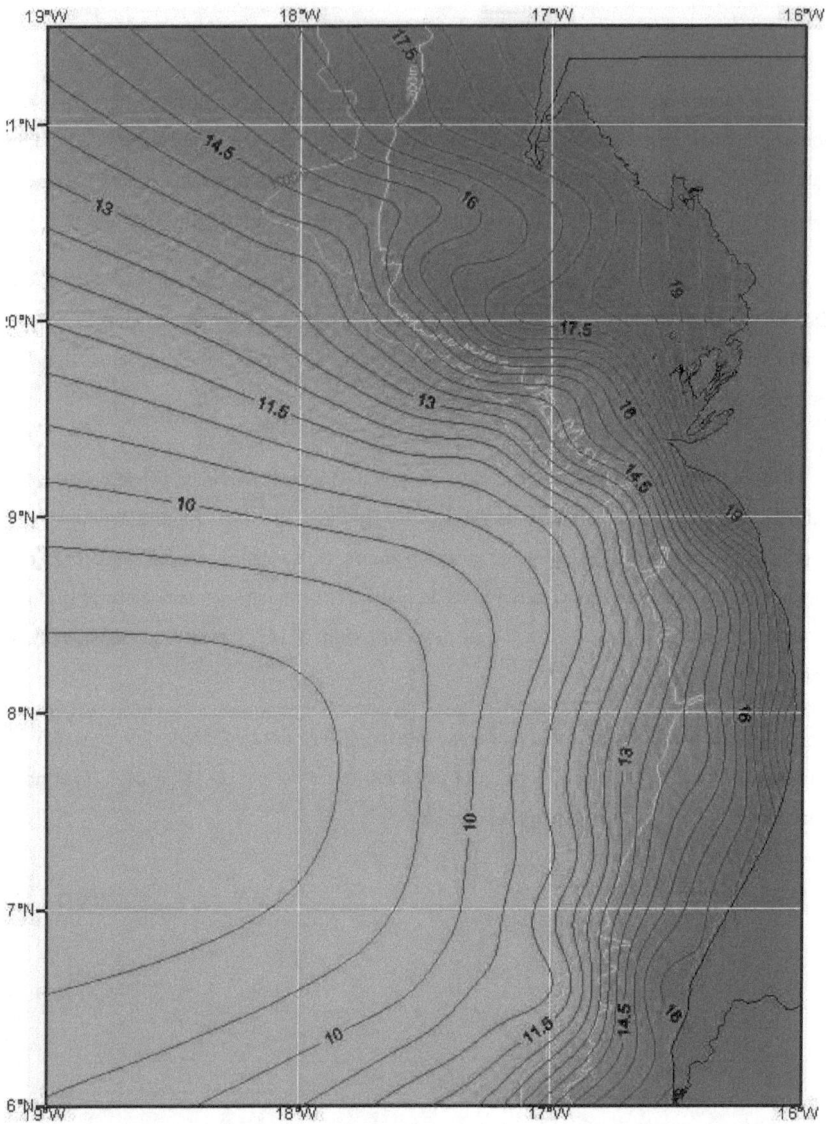

Fig. 5 – Distribution des températures de fond durant la saison froide

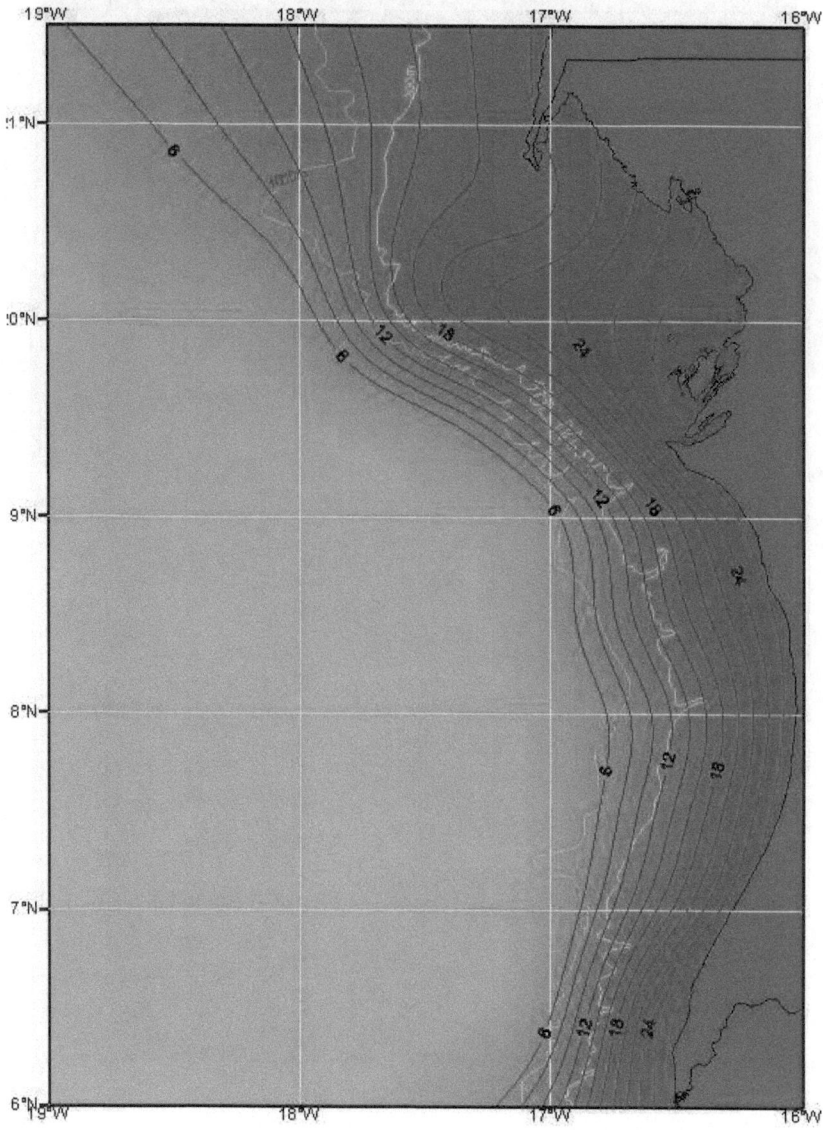

Fig. 6 – Distribution des températures de fond durant la saison de transition froide – chaude

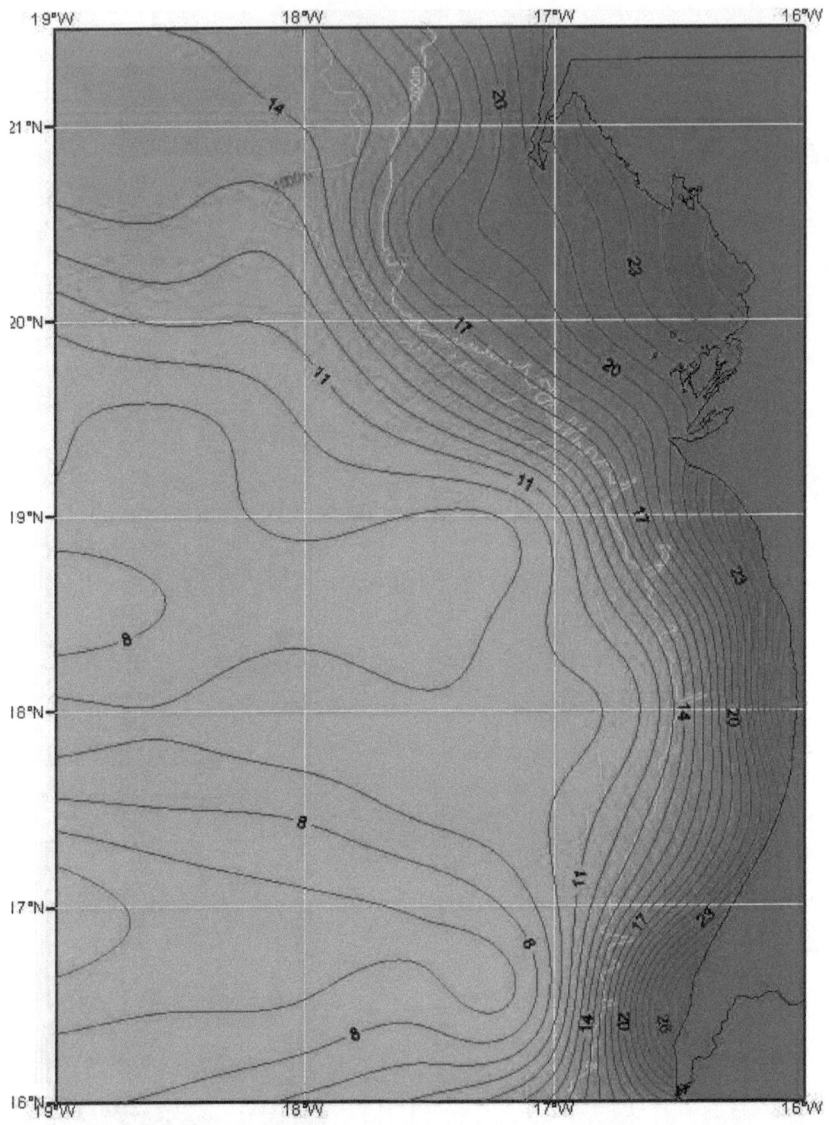

Fig. 7 – Distribution des températures de fond durant la saison chaude

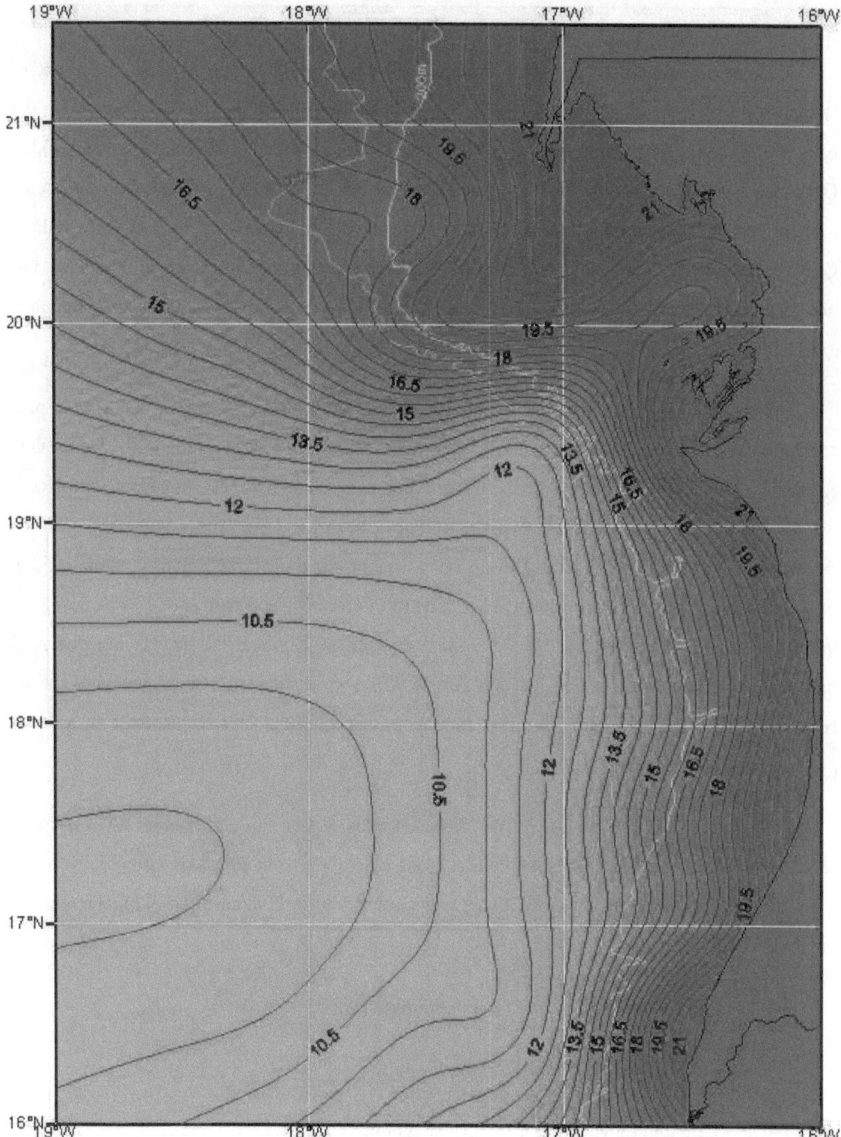

Fig. 8 – Distribution des températures de fond durant la saison de transition froide – chaude

4. 2. 2. L'upwelling

Dans un upwelling, les eaux froides profondes remontent en surface, remettant en suspension les éléments déposés sur le fond. Les upwellings participent à l'enrichissement des eaux de surface; ils sont fréquents sur les côtes ouest africaines (Sprengel *et al.*, 2002). Certaines zones d'upwelling (au Pérou par exemple) ont une productivité trois fois supérieure à la moyenne habituellement observée dans les eaux du plateau continental (Ryther, 1969). Cependant, cette richesse, même si elle accompagne fréquemment les upwellings, n'est pas nécessairement présente si les fonds marins sont pauvres en éléments organiques (Zegouagh *et al.*, 1999).

Plusieurs formes d'upwelling ont été définies par Hay et Brock (1992). Le plus commun en Mauritanie est celui induit par le transport d'Ekman (Dedah, 1995): le vent soufflant en surface provoque un déplacement des eaux superficielles qui seront remplacées par les eaux froides profondes. L'intensité de l'upwelling est donc proportionnelle à la force du vent qui le provoque. Deux upwellings ont été identifiés dans la ZEE mauritanienne. Celui du Cap Blanc qui dure douze mois (Schemainda *et al.*, 1975; Wooster *et al.*, 1976; Lange *et al.*, 1998; Roy et Reason, 2001) et celui situé en face de Nouakchott qui ne dure que neuf mois (Schemainda *et al.*, 1975). Le premier, le plus fort en intensité, se déplace suivant les conditions météorologiques. En été il occupe sa position la plus septentrionale et en hiver la plus méridionale (Hagen, 2001).

Les données de vitesse et de direction des vents collectées par l'ASECNA à Nouakchott et Nouadhibou ont été traitées pour calculer un indice d'upwelling moyen par mois durant la période de 2000 à 2003. Dans la formule de l'indice d'upwelling entrent les paramètres suivants:

$IUp = (R*Cd*V^2) / (2*\omega*\sin y)$ [T/sec/100m littoral]

R: densité de l'air ($1,22*1/10^3$ d/cm)

Cd: coefficient de viscosité à l'interface air-mer ($1.25*1/10^3$).

$V = Vy = v*\cos\Phi$ avec Φ direction du vent

ω: vitesse angulaire de la rotation de la terre ($0.729*1/10^{2*2}$/sec)

y: latitude du point.

L'indice d'upwelling du Cap Blanc varie dans un intervalle compris entre 0,4 et 1,2 (Fig. 9). A partir de janvier (0,6) il indique une tendance à l'augmentation jusqu'au mois de juin (1,2). Entre avril et juin, il varie peu: 1,1 et 1,2. Au-delà de juin, il tend à diminuer jusqu'au mois de décembre; il n'est plus alors que de 0,4.

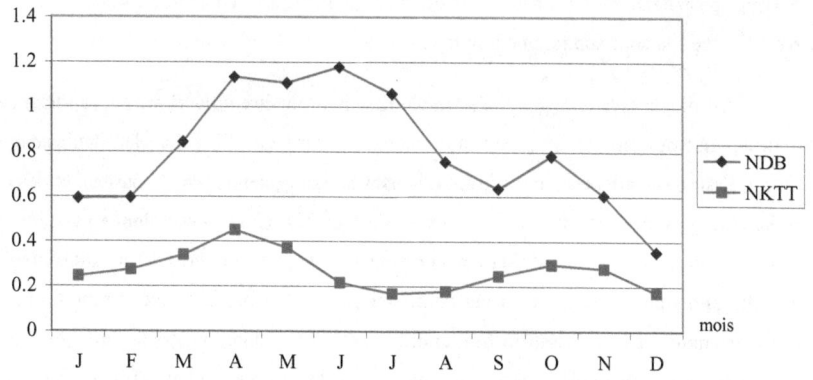

Fig. 9 - Evolution mensuelle de l'indice d'upwelling à Nouadhibou (NDB) et Nouakchott (NKTT)

Dans la zone sud (Nouakchott), l'intensité de l'upwelling est plus faible: il varie entre 0,2 à 0,5. En janvier, il est de 0,3 et augmente progressivement jusqu'en avril (0,5). A partir d'avril, une diminution perceptible jusqu'au mois de juillet (0,2) est suivie d'une reprise jusqu'au mois d'octobre (0,3). Il baisse à nouveau jusqu'à décembre (0,2).

5. Facteurs environnementaux susceptibles d'influencer l'écologie et la biologie de *M. mustelus*

Le caractère benthique de *M. mustelus* le rend dépendant d'un ensemble de facteurs environnementaux. L'absence ou la rareté des pluies sur la partie continentale de la Mauritanie assèche les sols et facilite le transport par le vent de sédiments (poussières et sable) qui peuvent se déposer au fond de l'océan. Les vents, souvent présents et devenant violents à certaines périodes de l'année peuvent transporter ces sédiments dans d'autres continents. La dynamique océanique (courants, marées et houle) déplace aussi les sédiments. Le fleuve Sénégal peut également charrier d'importantes quantités de sédiments, mais son influence reste limitée à la zone sud rarement fréquentée par *M. mustelus*.

L'écologie et la biologie de l'émissole lisse peuvent être influencées par la saisonnalité hydrologique des eaux océaniques mauritaniennes et par l'upwelling. La Mauritanie se trouve au carrefour des eaux océaniques froides, venant du nord (courant des Canaries), et des eaux océaniques chaudes, venant du sud (courant de Guinée). L'interaction donne naissance à 4 saisons hydrologiques caractérisées notamment par des températures. D'un autre côté, les upwellings entraînés par les vents soufflant toute l'année le long de la côte, créent des baisses des températures (effet de saison froide) et permettent un bloom phytoplanctonique, facteur d'enrichissement du milieu, profitant aux proies notamment celles affiliées aux fonds meubles, épigées ou endogées.

III. Matériel et méthodes

1. La collecte des données

Un échantillonnage pour l'étude de l'écologie et la biologie de l'espèce a été conduit par l'Institut Mauritanien de Recherches Océanographiques et des Pêches (l'IMROP) de mars 2000 à mars 2002. Les individus proviennent à 95 % des captures d'unités de la pêche artisanale basée à Nouadhibou; un complément a été obtenu par des pêches réalisées à l'aide de navires scientifiques. Une base de données des paramètres de 2510 individus a ainsi été constituée en 2003.

Des données biologiques collectées sur 1258 individus entre août 1998 et mars 1999 ont été exploitées, notamment pour la fécondité. Les données destinées à l'étude de la distribution spatiale et temporelle, ont été collectées au cours de campagnes scientifiques réalisées à bord des deux navires côtier (Almoravide) et hauturier (Al Awam) de l'IMROP.

Au cours de cette étude, ont été relevés:

* Les paramètres communs aux mâles et aux femelles:
 - la date de la capture
 - la longueur totale au cm inférieur
 - le poids total et le poids du poisson éviscéré en g
 - le poids du foie en g
 - le sexe

* Les paramètres particuliers aux mâles:
 - le poids des testicules (1/10 g)
 - la longueur des ptérygopodes (en mm)

* Les paramètres particuliers aux femelles:
 - le poids des glandes nidamentaires (au 1/10 g)

relatifs à l'ovaire:
 - le nombre d'ovocytes vitellins de couleur jaune
 - le diamètre des ovocytes, mesuré au pied à coulisse (en mm)

relatifs à l'utérus
- le nombre des embryons
- le poids des embryons
- le sexe des embryons
- la longueur totale des embryons (en mm)
- la largeur des utérus (en mm)

1. 1. La distribution spatiale et temporelle

L'Institut Mauritanien de Recherches Océanographiques et des Pêches conduit des campagnes de chalutages des ressources démersales du plateau continental mauritanien qui ont été décrites par Bergerard *et al.* (1983), Girardin (1988), Dia (1988), Girardin *et al.* (1990), Khallahi (1995) et Inejih (2000) . Elles ont pour objectif de suivre l'exploitation des ressources halieutiques démersales en comparant les indices d'abondance des espèces. Sur la partie hauturière du plateau continental, ces campagnes ont été réalisées à bord du navire océanographique N'Diago entre 1982 et 1997, remplacé par le navire hauturier Al Awam. La partie côtière, notamment la Baie du Lévrier et le Banc d'Arguin, a été couverte par le N/O Almoravide, remplacé par le N/O Amrigue en 1997.

Pour cette étude, des données des campagnes récentes sur le plateau continental du N/O Al Awam ont été utilisées; celles du N/O Almoravide, les campagnes disponibles, ayant couvert la partie côtière durant les saisons froide et chaude. Le N/O Al Awam est un bateau de pêche arrière de 37 m de long, de 3,3 m de tirant d'eau et d'une puissance motrice de 1000 cv. Ce bateau pêche sur les fonds supérieurs à 9 m. Le N/O Almoravide est un bateau de pêche côtière de 17 m de long et d'une puissance motrice de 160 cv; il est destiné à la pêche sur les petits fonds, son tirant d'eau est d'environ 1,5 m.

Les deux engins de pêche utilisés sont des chaluts:

1. le chalut Al Awam a 45 m de corde de dos et un maillage de 41 mm; le cul du chalut est doublé d'une poche de 60 mm de maille étirée. Les panneaux sont en acier et pèsent 450 kg.

2. le chalut Almoravide a une corde de dos de 13 m et un maillage de 45 mm. Les panneaux sont en fer et pèsent 120 kg.

Au cours de ces campagnes, l'échantillonnage était aléatoire et stratifié. Dans la partie hauturière, le plateau continental subdivisé en strates de superficies variables, a été découpé en carrés de 3 minutes de côté, numérotés de 1 à 1200. Les stations de chalutage ont été tirées au sort à l'intérieur des strates; le nombre de stations par strate dépend de la superficie de celle-ci. Les caractéristiques des stations ont été notées au cours de chaque prospection. Il s'agit surtout de:

- la date d'échantillonnage (jour, mois et année),
- la position géographique (latitude début-fin et longitude début-fin du chalutage)
- la profondeur par station (début et fin du chalutage)
- la nature des fonds (sableux ou vaseux) et la position des roches
- le cap de navigation

Ont également été collectées des données hydrologiques: température, salinité, turbidité, oxygène dissous, pH.

Les captures ont été triées par espèce, pesées et les individus dénombrés. Le sexe et la longueur totale (cm) des requins et des raies ont été notés.

Le chalutage dure 30 mn, à une vitesse de 3,5 nœuds (Al Awam) et de 3 nœuds (Almoravide). Les captures sont standardisées en fonction de la durée des chalutages. Pour des besoins de l'étude de la distribution, des échantillons des différentes captures d'Al Awam ont été sexées et mesurées au cm inférieur (longueur totale) pendant les deux saisons principales, froide et chaude.

13 campagnes récentes d'Al Awam soit 1173 stations ont été choisies, réparties sur tout le plateau continental, de 5 à 980 m de profondeur (Annexe 1). Le tiers de ces stations est situé dans la zone nord Cap Timiris (NCT).

Pour la partie côtière, 7 campagnes de l'Almoravide ont couvert la zone de la Baie du Lévrier et le nord du Banc d'Arguin, à des profondeurs comprises entre 4 et 20 m.

Les campagnes retenues assurent une bonne couverture du plateau continental durant les quatre saisons hydrologiques (Fig. 10 à 13).

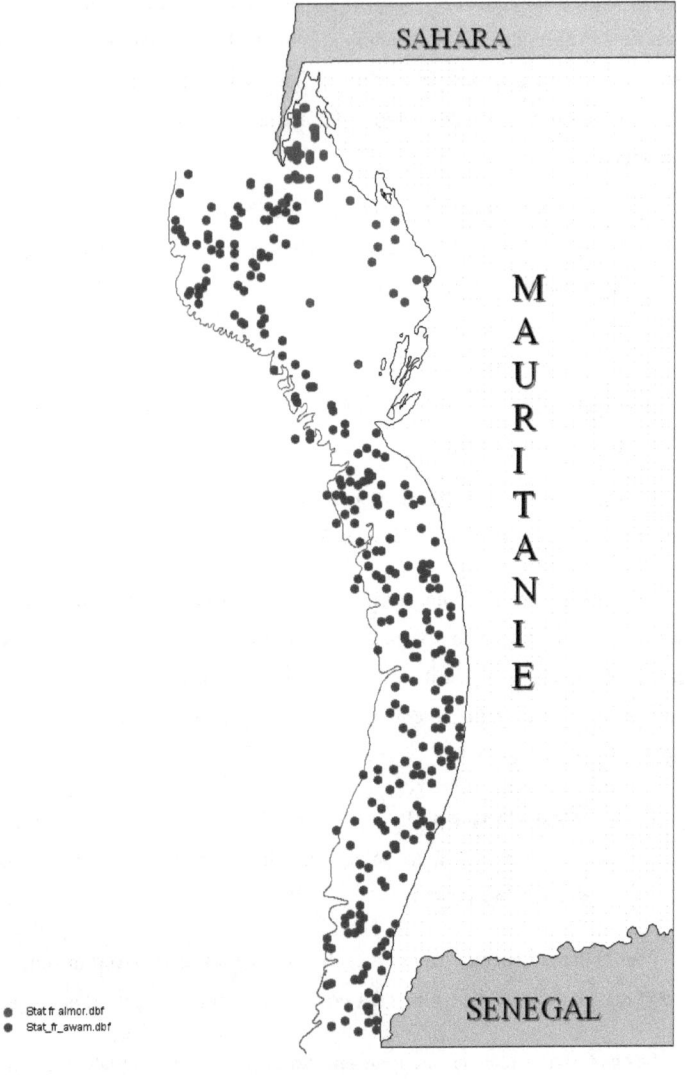

Fig.10 – Position des stations de chalutage sur le plateau continental (isobathe 200 m) durant la saison froide (partie côtière: stat fr almor; partie hauturière: stat_fr_awam)

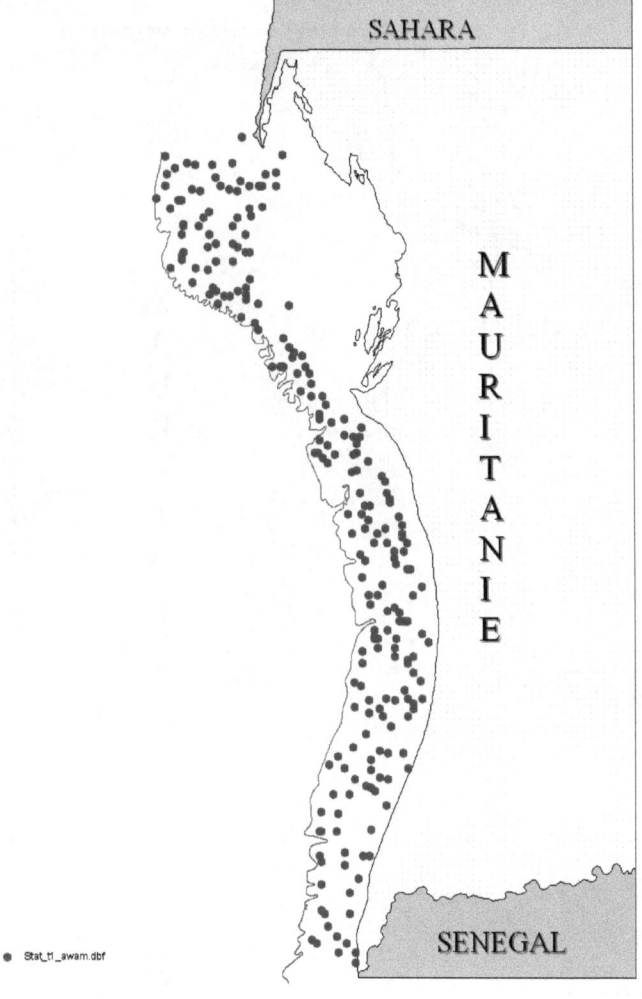

Fig. 11 – Position des stations de chalutage sur le plateau continental durant la saison
de transition froide – chaude (partie hauturière)

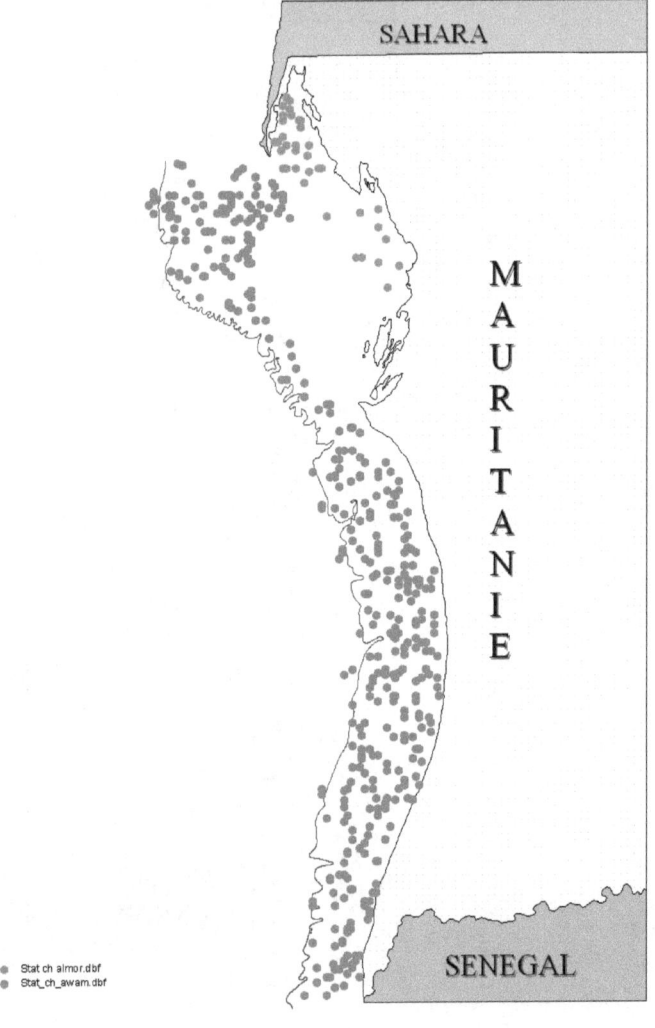

Fig. 12 – Position des stations de chalutage sur le plateau continental durant la saison chaude
(partie côtière: stat ch almor; partie hauturière: stat_ch_awam)

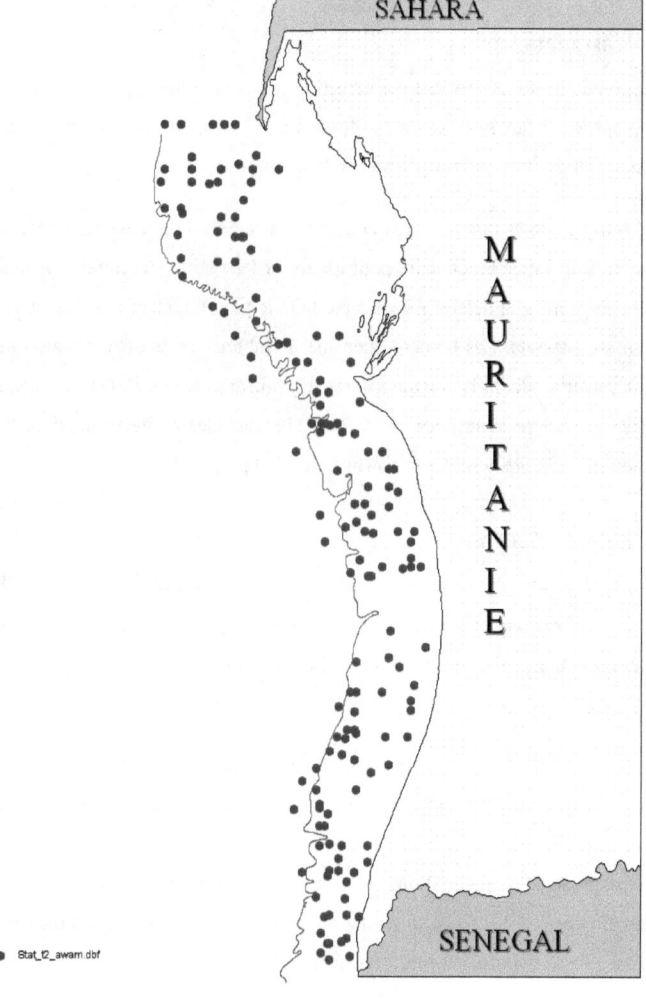

Fig.13 – Position des stations de chalutage sur le plateau continental durant la saison de transition chaude – froide (partie hauturière)

1. 2. L'alimentation

Des contenus stomacaux ont été conservés dans du formol à 6 % en attendant d'être analysés. Avant leur examen (2 à 6 h), le formol a été remplacé par de l'eau et les contenus mis à égoutter afin d'éviter une surestimation de leur poids.

Les grandes proies ont été triées et déterminées à l'œil nu dans des boîtes de Pétri, les petites l'ont été sous loupe binoculaire pour identifier les petites structures, appendices, arêtes ou fragments de proies. La détermination a été faite le plus finement possible, jusqu'à l'espèce quand cela a été possible. Les bernard-l'hermite, nombreux et de détermination difficile, ont été déterminés avec l'aide du Pr. Jacques Forest du Muséum National d'Histoire Naturelle. Les autres proies ont pu être identifiées à l'IMROP avec les clés de détermination. Pour chaque proie, les individus ont été comptés et mesurés au 1/10 g.

1. 3. La reproduction

L'appareil génital des Elasmobranches diffère de celui de la plupart des Téléostéens par la présence de ptérygopodes chez le mâle et d'organes génitaux chez la femelle adaptés à une fécondation et une gestation internes. Une description précise en est donnée pour l'espèce dans la partie reproduction.

Chez les femelles, une étude histologique des glandes nidamentaires a été menée pour rechercher les spermatozoïdes qui peuvent y être stockés; ils le sont souvent dans le tiers inférieur des glandes avant la fécondation, comme cela est le cas chez plusieurs espèces de raies et de requins. Des échantillons de glande nidamentaire collectés sur des femelles capturées en février ont été fixés au Bouin alcoolique pendant 4 jours, traités et colorées à l'hématoxyline éosine (Martoja et Martoja-Pierson, 1967).

Une autre étude histologique a été réalisée pour décrire la structure des testicules des mâles et le déroulement de la spermatogenèse. Les échantillons ont été également collectés en février et mars.

1. 4. La croissance

Les poissons utilisés pour cette étude proviennent de la pêche artisanale et des campagnes de chalutage à bord des navires scientifiques.

Les plus grandes vertèbres, celles situées au niveau de la partie antérieure de la première nageoire dorsale, ont été prélevées pour cette étude. Elles ont été congelées ou conservées dans de l'alcool à 70°. Pour les débarrasser facilement des restes de tissus et de muscles, celles congelées ont été bouillies pendant 5 minutes avant d'être nettoyées et mises à sécher, celles conservées dans l'alcool ont pu être débarrassées plus facilement des restes de tissus et de muscles (Fig. 14). Leurs diamètres ont été mesurés au 1/10 mm au pied à coulisse.

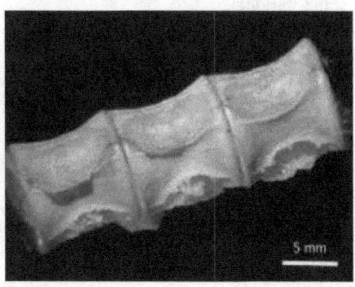

Fig. 14 – Vertèbres de *M. mustelus* après séchage

Le Laboratoire de Sclérochronologie des Animaux Aquatiques (LASAA), où les vertèbres ont été traitées, utilise généralement deux types de résine: la Soddy 33 et l'Araldite. Après plusieurs essais d'inclusion, l'Araldite a été retenue pour son temps de durcissement. Après 48h dans la résine, des coupes longitudinales de 200 à 300 μm ont été réalisées dans le sens du plus grand diamètre des vertèbres à l'aide d'une scie à vitesse lente (ISOMET-BUEHLER) munie d'une lame circulaire diamantée. Elles ont été collées sur des lames de verre.

Deux colorations ont été testées: celle au rouge d'Alizarine S (LaMarca, 1966; Cailliet *et al.*, 1983; Gruber et Stout, 1983; Goosen et Smale, 1997) et celle au bleu de Toluidine. Les résultats étant comparables, le bleu de Toluidine a été retenu pour sa facilité d'application. Les lames ainsi préparées ont été observées au microscope en lumière transmise.

A l'observation, 2 types de bandes sont visibles: des bandes opaques et des translucides, plus facilement identifiables dans le *corpus calcareum* des vertèbres (Fig. 15). Les lectures ont été faites en considérant une paire de bandes égale à 1 an et la première correspond à la naissance de l'animal (Goosen et Smale, 1997, Conrath *et al.*, 2002). Cette dernière apparaît après un changement d'angle dans la formation de la vertèbre.

40

La technique employée ici pour la détermination de l'âge a été utilisée par Sminkey et Musick (1995), et Goosen et Smale (1997). Afin de réduire le biais occasionné par plusieurs lecteurs, 3 comptages du nombre de bandes ont été faits sur chaque vertèbre par une seule et même personne qui a aussi déterminé la nature de la bande marginale. Les vertèbres dont les bandes n'étaient pas clairement distinctes ont été exclues de l'estimation de l'âge. Les vertèbres qui ont été retenues sont celles dont 2 comptages au moins étaient égaux et le dont 3e ne différait que d'une seule bande.

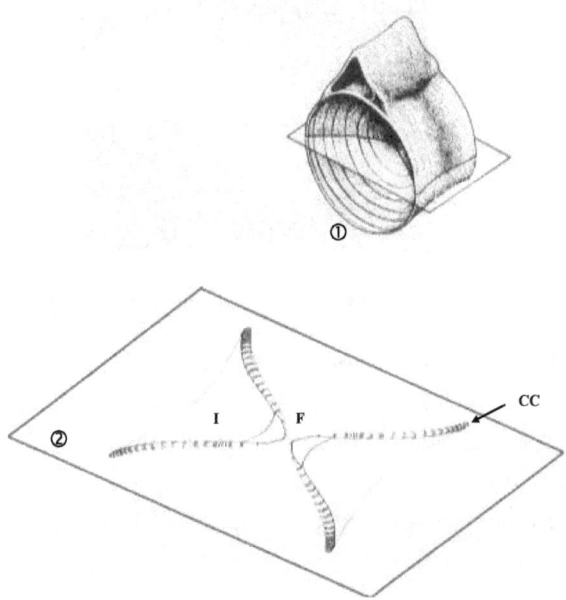

Fig. 15 – Plan de coupe mettant en évidence les bandes de croissance dans une vertèbre (CC: *Corpus calcareum*, I: *Intermedialia*, F: *focus*; d'après ① Casey *et al.*, 1985, ② Goosen et Smale, 1997, modifiés)

2. Méthodes de traitement des données

2. 1. La distribution spatiale et temporelle

2. 1. 1. La cartographie des captures

Les données de captures en nombre d'individus par coup de chalut ont été représentées graphiquement à l'aide du logiciel Arcview 3.2. Assurant une bonne lisibilité de la distribution dans l'espace par une représentation graphique d'objets géoréférencés, il a été utilisé dans ce travail pour donner une bonne image de la dispersion des poissons sur l'ensemble du plateau continental. Leur aire de distribution et leur abondance sont ainsi facile à situer géographiquement.

2. 1. 2. Les rendements

Les rendements par saison (moyenne des captures par coup de chalut) permettent de suivre et de comparer les variations d'abondance. La répartition des poissons a été étudiée au cours des 4 saisons caractéristiques de la zone exclusive mauritanienne. En raison de l'importance de la zone nord Cap Timiris dans la distribution de l'espèce, le degré de concentration dans cette zone a été calculé en terme de pourcentages des captures totales (en nombre de poissons) à chaque saison.

Afin de suivre les distribution bathymétrique dans la zone nord Cap Timiris, les rendements, en nombre de poissons par coup de chalut, ont été estimés par strate de profondeur de 5 m en zones côtière et hauturière.

2. 1. 3. Le Centre de Gravité

La méthode du Centre de Gravité (ou Barycentre) de la population, basée sur la représentativité de ce point de la population, a été adoptée. La méthode, qui condense l'information en un point est une moyenne géométrique des coordonnées géographiques. Elle met en évidence les mouvements aussi bien le long de la côte que de la côte vers le large, de l'ensemble de la population. Dans ce travail, le barycentre a été utilisé pour suivre les déplacements côte-large; ses coordonnées géographiques sont:

- latitude $Lat_{moy} = \Sigma Y_i * Lat_i . Y_i / \Sigma Y_i$
- longitude $Long_{moy} = \Sigma Y_i * Long . Y_i / \Sigma Y_i$

Ce centre de gravité a un intervalle de variance autour de la latitude et de la longitude appelée inertie latitudinale et longitudinale dont la formule est la suivante:

- Inertie de la latitude: $\Sigma . Yi * (Lat_i - Lat_{moy})^2 / \Sigma Y_i$
- Inertie de la longitude: $\Sigma . Yi * (Long_i - Long_{moy})^2 / \Sigma Y_i$

Le rendement moyen saisonnier représentant l'abondance de la population permettra de faire une comparaison des rendements des différentes saisons. Sa représentation sur Arcview, avec les coordonnées du centre de gravité, permet de montrer les éventuels déplacements côte - large et de comparer les niveaux d'abondance d'une saison à l'autre.

2. 1. 4. La ségrégation par sexe et par taille

La répartition par sexe et par taille a été mise en évidence en distinguant la répartition bathymétrique des femelles, des mâles et de leurs tailles. Trois classes de tailles ont été définies:

- celle des longueurs inférieures ou égales à 65 cm (<=65);
- celle des longueurs comprises entre 65 et 80 cm (65-80);
- celle des longueurs dépassant 80 cm (>80).

La ségrégation par sexe et par taille étant fréquente chez les Elasmobranches, ce comportement a été étudié en procédant par station, à l'analyse de la composition en pourcentages des sexes et des tailles. On considère qu'il y a une ségrégation par sexe si dans la station, les captures sont composées à plus de 75 % d'individus d'un même sexe; il y a ségrégation par taille si les captures dans une même station sont constituées à plus de 50 % d'une même classe de tailles. Les stations contenant moins de cinq poissons ont été éliminées de l'analyse.

2. 2. L'alimentation

L'étude du régime alimentaire de l'émissole est ici basée sur l'analyse des contenus stomacaux de 637 poissons, femelles et mâles.

Les méthodes de traitement du régime alimentaire des poissons ont fait l'objet de nombreux travaux; elles varient selon les objectifs à atteindre. Les techniques traditionnelles font appel au comptage du nombre d'individus par type de proies, au poids (ou au volume) et aux occurrences (indices ou fréquences)

Une analyse qualitative a permis d'établir la liste des espèces consommées par *M. mustelus*.

L'analyse quantitative est basée sur les méthodes classiques décrites dans la littérature (Hynes, 1950; Cailliet, 1977; Hyslop, 1980; McCosker, 1987; Cortés et Gruber, 1994; Cortés et al., 1996; Cortés, 1997); ont été établis:

- Le coefficient de vacuité (CV)

C'est le pourcentage de l'effectif des poissons ayant l'estomac vide:

$$CV = \frac{n}{N} * 100$$

n: nombre d'estomacs vides et N: nombre total d'estomacs analysés

- Le nombre d'espèces proies

Le nombre d'espèces consommées montre la diversité de l'alimentation de l'émissole. Son suivi montre si l'alimentation est soumise à des variations dans le temps.

- Le nombre et le poids moyen de proies par estomac

Après comptage du nombre de proies et de leur pesée, il sera procédé à une moyenne de ce nombre et de ce poids. Cette moyenne sera suivie mensuellement afin de détecter si l'alimentation des poissons subit des modifications en fonction du temps.

- Le pourcentage en nombre d'une proie (PN)

Il permet de connaître le rôle de la proie dans l'alimentation d'une espèce. C'est le rapport entre le nombre d'individus d'une proie et le nombre total de proies consommées en pourcentage.

$$PN = \frac{n}{N} * 100$$

n: nombre d'individus d'une proie et N: nombre total d'individus des proies consommées.

- Le pourcentage en poids d'une proie (PP)

Le rapport entre le poids total d'une proie et le poids total des proies consommées en pourcentage.

$$PP = \frac{Pi}{PT} * 100$$

Pi: poids total de la proie i et PT: poids total des proies consommées.

- L'indice d'occurrence (IO)

C'est le rapport entre le nombre d'observations d'une proie dans les estomacs et le nombre total d'estomacs pleins examinés.

$$IO = \frac{n}{N}$$

n: nombre d'observations d'une proie et N: nombre total d'estomacs pleins examinés.

2. 3. La reproduction

Le sex ratio (SR), qui désigne la proportion des sexes dans un échantillon, est un bon indicateur du comportement d'une espèce. Il peut être exprimé en taux de masculinité, de féminité ou par le rapport entre le nombre de femelles et celui des mâles. Cette dernière méthode a été utilisée ici.

$$SR = \frac{F}{M}$$

La reproduction chez l'émissole a été étudiée chez les femelles et les mâles.

2. 3. 1. La reproduction chez les mâles

La reproduction chez les mâles a été étudiée en déterminant la taille à la première maturité sexuelle, en suivant l'évolution du Rapport Gonado Somatique et celle du Rapport Hépato Somatique.

2. 3. 1. 1. La taille de maturité sexuelle

Chez les Elasmobranches, les ptérygopodes permettent de distinguer les mâles des femelles. Ils sont mous chez les jeunes et se calcifient au fur et à mesure de l'acquisition de la maturité. Dans ce travail, les mâles ont été considérés comme matures quand leurs ptérygopodes étaient complètement calcifiés.

La taille de première maturité sexuelle utilisée ici est celle à laquelle 50 % des poissons sont matures (L_{50}).

2. 3. 1. 2. Le Rapport Gonado Somatique (RGS) des mâles

C'est le rapport entre le poids des testicules et le poids du poisson éviscéré, exprimé en pourcentage. Il est considéré comme étant un bon coefficient de maturité des poissons (Lahaye, 1980).

$$RGS = \frac{Pg}{Pe} * 100$$

Pg: poids des testicules en g et Pe: poids du poisson éviscéré en g.

2. 3. 1. 3. Le Rapport Hépato Somatique (RHS)

Le RHS est le rapport entre le poids du foie et le poids du poisson éviscéré, en pourcentage.

$$RHS = \frac{Pf}{Pe} * 100$$

Pf: poids du foie en g et Pe: poids du poisson éviscéré en g.

2. 3. 2. La reproduction chez les femelles

2. 3. 2.1. La vitellogenèse et l'ovulation

Tous les ovocytes vitellogéniques dans les ovaires des femelles ont été mesurés (en mm) au pied à coulisse. Le nombre d'ovocytes de grande taille, d'un diamètre supérieur ou égal à 10 mm, a été suivi dans le temps pour délimiter la période d'ovulation pendant laquelle le nombre des plus grands ovocytes chute dans les ovaires.

2. 3. 2.2. Le Rapport Nido Somatique (RNS)

Les glandes nidamentaires jouent un rôle primordial dans la reproduction des Elasmobranches. Leur poids a été suivi pour établir le Rapport Nido Somatique (RNS), rapport entre poids des glandes et le poids du poisson éviscéré, en pourcentage.

$$RNS = \frac{1}{n} * \sum \frac{Pgn}{Pe} * 100$$

Pgn: poids des glandes nidamentaires et Pe: poids du poisson éviscéré en g.

2. 3. 2.3. La période de fécondation

Chez les Elasmobranches, la présence d'œufs nouvellement fécondés dans les utérus des femelles annonce la fécondation. Le pourcentage de femelles portant des œufs fécondés dans l'échantillon a été suivi mensuellement. La période de fécondation correspond aux valeurs maximales du pourcentage.

2. 3. 2.4. La période de parturition

La détermination de la période de la parturition a été faite en suivant la proportion de femelles porteuses d'embryons à terme de stade 5 (Tab. 1); sa première chute brutale indique le début de la parturition.

2. 3. 2.5. La taille à la naissance

Les embryons observés dans les utérus des femelles ont été mesurés mensuellement (en mm). La taille des embryons à la naissance est celle observée durant la période de parturition.

2. 3. 2.6. La durée de la gestation

La gestation commence à partir de la période de fécondation (présence d'œufs nouvellement fécondés dans les utérus) et se poursuit jusqu'à la parturition. Son intervalle est établi en admettant que les premières femelles qui mettent bas ont été fécondées au début de la période de fécondation et celles qui le font les dernières l'ont été à la fin de la période de fécondation.

2. 3. 2.7. La largeur de l'utérus

Durant la gestation, la largeur des utérus augmente avec la portée. Comme la portée peut varier entre l'utérus gauche et le droit, une largeur moyenne entre les deux utérus a été calculée par femelle. La largeur moyenne est représentée graphiquement en fonction de la longueur totale des femelles (option "courbe de tendance" du logiciel Excel).

2. 3. 2.8. La taille à la maturité sexuelle

Deux critères de maturité ont été pris en considération chez les femelles:

- les femelles sont matures quand elles sont potentiellement fécondes, c'est à dire quand elles portent dans leurs ovaires des ovocytes en vitellogenèse;

- les femelles sont matures quand elles portent des œufs fécondés ou des embryons.

La taille de maturité sexuelle correspond à la taille à laquelle 50 % des femelles sont matures (L_{50}).

2. 3. 3. Description morphologique des embryons

Les principaux traits de la morphologie des embryons ont été notés mensuellement. Ils ont permis de faire une description de l'évolution de leurs caractères externes au cours de leur développement; une échelle en 6 stades a été établie (Tab. 1).

Tab. 1 - Echelle de développement embryonnaire chez l'émissole lisse

Stades	Caractères morphologiques des embryons
Stade 0	L'œuf nouvellement fécondé est entouré d'une grande capsule qui forme des vrilles aux pôles de l'œuf - pas de trace d'embryon.
Stade 1	Un petit embryon de 2-4 cm de longueur totale apparaît sur une masse vitelline volumineuse. Sa tête commence à se différencier, les yeux sont cerclés de noir; la queue est filiforme. La capsule persistera autour de l'embryon et de sa vésicule vitelline jusqu'au stade 4.
Stade 2	La tête de l'embryon est encore volumineuse par rapport au reste du corps et les yeux sont bien formés. L'embryon est de couleur rosâtre, non pigmenté et mesure 5 à 7 cm de longueur totale; la vésicule vitelline reste volumineuse.
Stade 3	La peau se pigmente, les branchies et les nageoires apparaissent. Les sexes ne sont pas encore distincts; la vésicule vitelline commence à diminuer de volume. Les embryons mesurent de 7 à 12 cm.
Stade 4	Les ptérygopodes sont visibles chez les mâles et les embryons ressemblent aux adultes. Il ne subsiste plus de la vésicule vitelline qu'une faible partie colorée en jaune. Les embryons mesurent entre 12 et 20 cm; ils sortent de leur capsule.
Stade 5	Les vésicules vitellines sont transformées en placentas. Les embryons sont à terme et mesurent environ 20 cm.

Des mesures de longueur et de poids ont par ailleurs été faites sur ces embryons; une relation Poids Total-Longueur Totale des embryons a été établie.

2. 3. 4. Les fécondités ovarienne et utérine

La fécondité ovarienne définie ici tient compte du nombre d'ovocytes en vitellogenèse, dénombrés par ovaire. Pour établir la fécondité utérine, les embryons par utérus par portée ont été comptés.

2. 4. La croissance
2. 4.1. La structure par tailles des échantillons

La structure mensuelle de tailles des échantillons étudiés sera décrite. Pour cela, les individus ont été divisés en 3 groupes: petits (inférieurs ou égaux à 60 cm), moyens (entre 60 et 70 cm) et grands (supérieurs à 70 cm).

2. 4. 2. La relation taille - poids

Les relations longueur totale – poids total des poissons et longueur totale – poids éviscéré des poissons ont été établies pour les femelles et les mâles. Elle est de la forme:

$$P = a.L^b$$

P: poids des poissons, a: constante, L: longueur totale en cm, b: coefficient d'allométrie. Ce dernier renseigne sur la proportionnalité des croissances pondérale et linéaire. Trois cas peuvent se présenter:

- $b < 3$, la longueur croît plus vite que le poids: l'allométrie est minorante;

- $b = 3$, la croissance en longueur est proportionnelle au poids: il y a isométrie;

- $b > 3$, le poids croît plus vite que la longueur: l'allométrie est majorante.

Les paramètres a et b ont été calculés pour les femelles et les mâles par itération à l'aide de la fonction "estimation non linéaire" du logiciel Statistica (2002).

2. 4. 3. La période de formation des bandes de croissance

Les bandes formées dans la partie marginale du *corpus calcareum* des vertèbres ont été identifiées et comptées mensuellement; un pourcentage mensuel a été calculé. Le suivi de ce pourcentage a permis de définir d'obtenir la période de formation des bandes, traduite par un pic dans leur évolution.

2. 4. 4. Les méthodes de calcul de la croissance

Deux modèles de croissance linéaires ont été appliqués aux résultats des lectures chez les mâles, les femelles et les deux sexes combinés: ceux de Von Bertalanffy (1938) et de Holden (1974).

Le modèle de Von Bertalanffy (1938) donne une équation de croissance à trois paramètres de la forme:

$$L_t = L_\infty * (1 - EXP(-K(t-t_0)))$$

L_∞ : longueur asymptotique

t_0: âge théorique à la taille 0

K: constante de croissance

L_t: longueur totale à l'âge t

Le modèle de Holden (1974) en donne une à deux paramètres:

$$L_{t+T} = L_{max} * (1- EXP(-kT))$$

T: durée de la gestation en nombre d'années

k: constante de croissance

L_{max}: longueur totale maximale observée des adultes en cm.

Les paramètres de croissance ont été estimés en utilisant les fonctions du logiciel STATISTICA version 6.

La relation longueur totale – poids total établie, une croissance pondérale basée sur les deux modèles de croissance a été calculée. Les courbes de croissance issues des deux modèles ont été comparées pour les femelles et les mâles.

2. 4. 5. Ages à la première maturité sexuelle

L'âge correspondant à la taille de première maturité sexuelle obtenue à partir de l'étude de reproduction a été déduit des résultats des modèles de croissance.

IV. La distribution spatiale et temporelle

L'étude de la répartition de *M. mustelus* a été réalisée par zone et par saison dans les eaux océaniques mauritaniennes.

1. Répartition saisonnière

1. 1. Saison froide

1. 1. 1. Partie côtière

En saison froide, les prospections scientifiques par chalutage ont été réalisées dans la Baie du Lévrier et dans la partie nord du Banc d'Arguin. Les émissoles lisses sont fréquentes à des profondeurs variant entre 4 et 14 m, notamment dans la Baie du Lévrier (Fig. 20). La fréquence d'occurrence dans cette partie de la zone nord Cap Timiris est de 55,4 % des stations. Les captures peuvent atteindre 60 requins par 30 mn et le rendement moyen par coup de chalut est de 6,7. L'abondance augmente de la côte vers le large: la moyenne par classe de profondeur est de 7,1 et 7,2 dans les stations de profondeur supérieure à 5 m (Tab. 2).

Tab. 2 – Rendements moyens par strate de profondeur dans la zone côtière,

zone nord Cap Timiris (n=nombre de stations)

Profondeurs	Rendement moyen	Ecart - type	N
<=5 m	4,4	8	11
5-10 m	7,1	15,6	32
>10 m	7,2	13,7	22

Les coordonnées ont été calculées pour le Centre de Gravité de la population dans la partie côtière, échantillonnée par le N/O Almoravide:

- Latitude = 20°70' N (Inertie=0°03' N)

- Longitude = 16°89' W (Inertie=0°01' W)

1. 1. 2. Partie hauturière

Le rendement au cours de la saison froide est faible: il est en moyenne de 2,62 requins par trait de chalut. Les prises par coup de chalut varient de 1 à 161 individus avec une moyenne saisonnière dans la zone Nord Cap Timiris (NCT) de 8,13.

La fréquence d'occurrence de *M. mustelus* dans les eaux océaniques mauritaniennes, concentrée surtout au NCT, est de 8,97 %. Les observations dans la partie sud de la ZEE mauritanienne sont très irrégulières et rares en saison froide. En effet, sur 192 stations dans la zone sud Cap Timiris prospectées durant 3 campagnes, seules 3 stations comportaient des émissoles lisses.

Au cours de cette saison, 98,42 % des individus rencontrés durant les campagnes de prospections scientifiques ont été capturés dans la zone Nord Cap Timiris (Fig. 20). Les meilleures captures signalées au sud du Cap Timiris ont été observées au voisinage du fleuve Sénégal où elles ont pu atteindre 12 individus/30mn.

La distribution de la population est très côtière: 83,2 % des individus se trouvent à une profondeur inférieure à 25 m et 99,6 % à moins de 35 m. La plus profonde capture relevée concerne 1 individu pêché à 90 m. Les meilleurs rendements calculés à partir des captures des 3 campagnes sont de 30 poissons/30 mn, signalés aux profondeurs de 15-20 m (Tab. 3). Les rendements diminuent fortement avec la profondeur et deviennent voisins de 0 aux profondeurs supérieures à 35 m. Cette tendance est moins nette aux profondeurs 10-15 m et <=10 m où des rendements de 11,9 et 20 poissons/30 mn ont été successivement relevés, confirmant ainsi le caractère côtier de l'espèce durant la saison froide.

Tab. 3 – Rendements moyens et écart-types par strate bathymétrique
(n=nombre de stations)

Profondeurs	Rendement moyen	Ecart - type	n
<=10 m	20,00	28,28	2
10-15 m	11,86	13,87	7
15-20 m	30,08	55,96	13
20-25 m	9,64	31,63	11
25-30 m	11,33	19,87	9
30-35 m	3,83	6,88	6
>35 m	0,07	0,33	44

Le Centre de Gravité de la population de *M. mustelus* en saison froide a les coordonnées géographiques suivantes:

-   Latitude   = 20°42' N (Inertie=0°29' N)

-   Longitude = 16°13' W (Inertie=0°81' W)

Le sex ratio de l'échantillon qui a servi à cette étude est largement en faveur des mâles (124 femelles et 267 mâles). L'éventail de tailles est large. Les poissons de 44 et 48 cm sont tous des mâles; entre 58 et 74 cm les mâles sont plus nombreux que les femelles (Fig. 16). A partir de 76 cm, les femelles deviennent prédominantes.

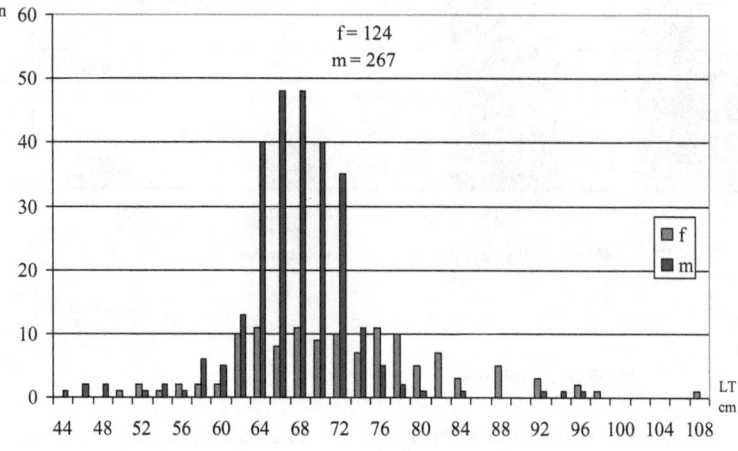

Fig. 16 - Effectifs des tailles par sexe de *M. mustelus* en saison froide

1. 1. 3. Répartition par sexe

Les femelles ont une distribution significativement plus côtière que les mâles (χ^2=14,55, α=0,01). Elles sont uniformément réparties dans les profondeurs inférieures à 25 m: à des profondeurs inférieures à 15 m elles représentent 15,0 % des poissons échantillonnés en saison froide et 16,3 % aux profondeurs de 15-25 m. Elles sont très rares au-delà de 25 m (Fig. 17).

Le maximum d'abondance des mâles se situe entre 15 et 25 m où ils constituent 36,7 % des poissons observés durant cette saison. A des profondeurs supérieures à 25 m, ils représentent la quasi-totalité des individus capturés.

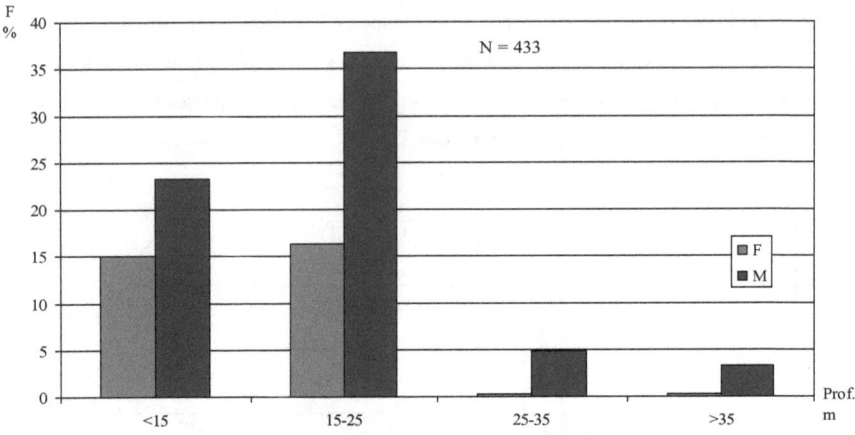

Fig. 17 - Distribution bathymétrique par sexe de *M. mustelus* en saison froide

1. 1. 3. Répartition par taille

Les effectifs des classes de tailles de femelles inférieures ou égales à 65 cm et celles de 65 à 80 cm diminuent avec la profondeur: de 42,6 % à moins 15 m, ils passent à 33 % entre 15 et 25 m. Les femelles de tailles supérieures à 80 cm sont plus nombreuses à des profondeurs comprises entre 15 et 25 m (21,3 %). Il n'y en a presque plus au-delà de 25 m (Fig. 18).

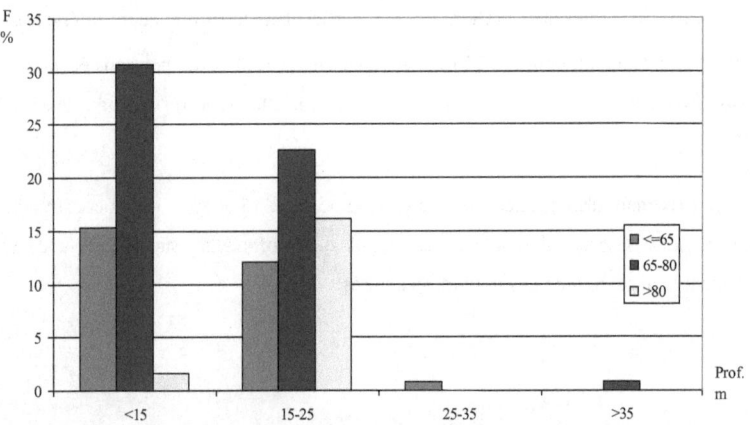

Fig. 18 - Distribution bathymètrique des classes de taille des femelles de *M. mustelus* en saison froide

Tous les mâles rencontrés en saison froide sont de tailles inférieures à 80 cm de longueur totale. Leur répartition bathymétrique dépend de leurs tailles; elle est différente de celle des femelles. Les mâles des deux clases de tailles présentes semblent préférer des profondeurs comprises entre 15 et 25 m (Fig. 19). Les individus de 65-80 cm sont plus fréquents aux profondeurs dépassant 25 m.

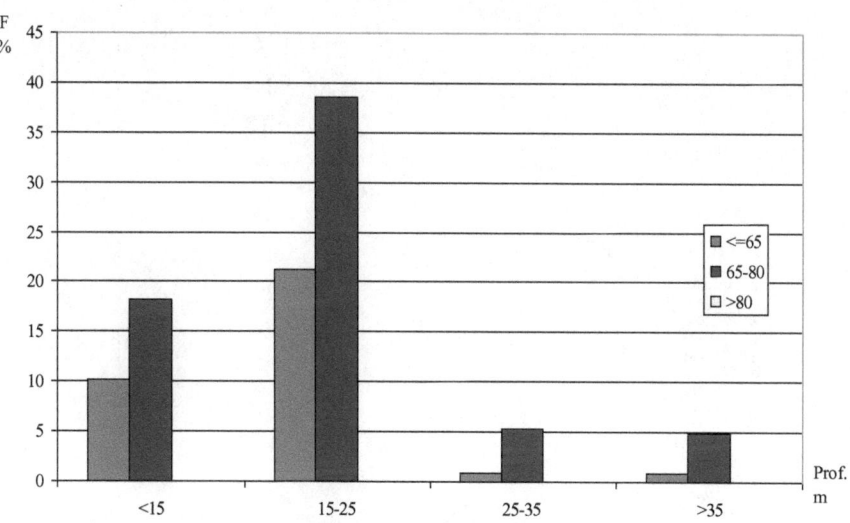

Fig. 19- Distribution bathymétrique des classes de taille des mâles de *M. mustelus en* saison froide

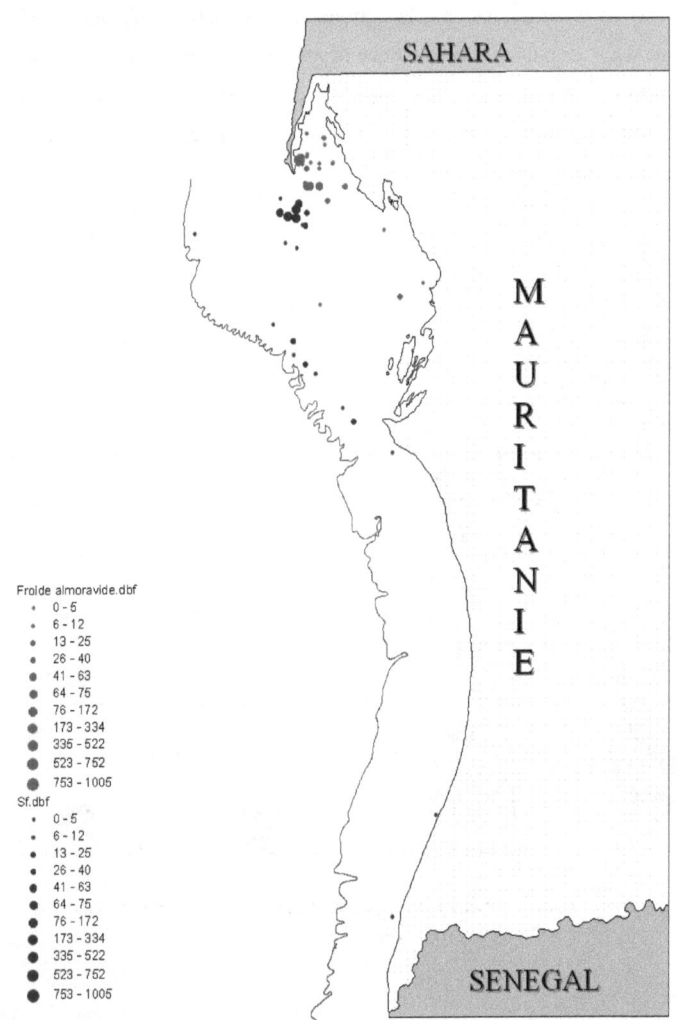

Fig. 20 – Répartition des captures de *M. mustelus* sur le plateau continental mauritanien en saison froide (Froide almoravide.dbf: petit navire, Sf.dbf: grand navire)

1. 2. Saison de transition froide-chaude

Une augmentation sensible de l'abondance a été constatée pendant la saison de transition: le rendement passe de 2,62 à 9 individus par trait de chalut. De même, la fréquence d'occurrence qui était de 8,97 % devient 14,34 % des stations échantillonnées dont la grande majorité se situe au NCT; les observations au sud du Cap Timiris ne concernent que 12 stations sur 154. Les captures enregistrées peuvent atteindre un maximum de 400 poissons dans la zone Nord Cap Timiris et le rendement moyen dans cette zone est de 23,4/30 mn.

La concentration de la population d'émissoles lisses au nord du Cap Timiris a baissé par rapport à celle de la saison froide: 95,8 % des individus observés se trouvent dans cette zone (Fig. 21). Des captures ont été signalées du Cap Timiris au fleuve Sénégal (frontière sud); elles représentent 4,2 % du nombre total d'individus capturés.

La répartition côtière de la population est moins prononcée qu'en saison froide: 74,7 % des individus pêchés se trouvent à des profondeurs inférieures à 25 m et 85,9 % à moins de 35 m. La profondeur maximale à laquelle des émissoles peuvent être rencontrées est de 150 m.

Les rendements moyens indiquent deux tendances, l'une à l'accroissement de la côte vers le large de 20,4/30 mn à 10 m de profondeur à 76,2/30 mn à 20-25 m et l'autre à la diminution de 76,2/30 mn à 1,9/30 mn à plus de 35 m (Tab. 4).

Tab. 4 – Rendements moyens et écart-types par strate bathymétrique

(n=nombre de stations)

Profondeurs	Rend. moyen	Ecart - type	n
<=10			
10-15	20,44	47,22	18
15-20	18,87	65,57	23
20-25	76,18	142,91	11
25-30	9,29	12,19	7
30-35	16,09	47,70	11
>35	1,91	12,85	162

Les coordonnées du Centre de Gravité de la population sont:

- Latitude = 19°89' N (Inertie=0°42' N)

- Longitude = 17°00' W (Inertie=0°03' W)

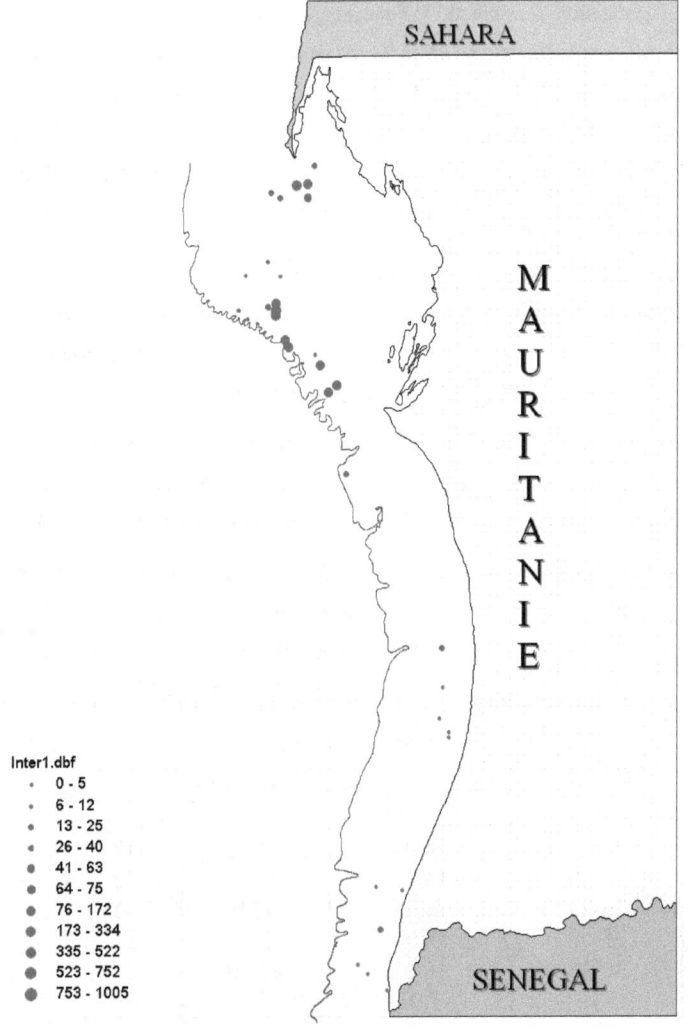

Fig. 21 – Répartition des captures de *M. mustelus* sur le plateau continental mauritanien en saison de transition froide-chaude (Inter1.dbf: grand navire)

1. 3. Saison chaude

1. 3. 1. Partie côtière

Durant la saison chaude, les captures dans la frange côtière sont moins fréquentes qu'en saison froide; les captures de 34,5 % des stations prospectées entre 4 et 14 m de profondeur contiennent des émissoles. La moyenne des captures par station est plus faible (4,2 individus/30 mn) même si les captures peuvent atteindre 90 individus/30 mn (Fig. 23).

La capture moyenne par strate bathymétrique a atteint 15,3 individus/30 mn dans les stations inférieures à 5 m, mais cette valeur est due à une capture unique de 90 individus dans une station de la campagne d'août 1986. La plus grande moyenne se situe aussi entre 5 et 10 m de profondeur (Tab. 5).

Tab. 5 – Rendements moyens et écart-types par strate bathymétrique
(n=nombre de stations)

Profondeur	Rendement moyen	Ecart - ype	n
<=5	15,3	36,6	6
5-10	3,1	8	38
>10	2,2	4,7	11

Les coordonnées du Centre de Gravité de la population en saison chaude sont:

- Latitude   = 20°79' N (Inertie=0°01' N)

- Longitude = 17°22' W (Inertie=0°96' W)

1. 3. 2. Partie hauturière

Le rendement moyen atteint la valeur saisonnière maximale de 31,3 individus/30 mn de chalutage. En zone Nord Cap Timiris, la capture moyenne est de 55,5 poissons/30 mn. La fréquence d'occurrence est de 23 % des coups de chaluts (Fig. 23).

Cette hausse de l'abondance ne s'est pas accompagnée d'une descente au sud du Cap Timiris de la population d'émissoles: elle reste à 97,8 % concentrée dans la zone nord Cap Timiris; seulement 2,2 % des individus sont observés au sud du Cap.

Sa distribution bathymétrique est limitée par l'isobathe des 160 m. 78,1 % de la population se trouve à une profondeur inférieure à 25 m et 95,9 % à moins de 35 m. Les rendements moyens croissent de la côte jusqu'à la profondeur de 15-20 m, passant de 95,2 individus/30 mn (profondeur de -10 m) à 153,0/30 mn (15-20 m). Au-delà de 25 m, les rendements baissent jusqu'à atteindre un minimum de 1,8 individu/30 mn (Tab. 6).

Tab. 6 – Rendements moyens et écart-types par strate bathymétrique
(n=nombre de stations)

Profondeurs	Rendement moyen	Ecart - type	n
<=10	95,2	208,37	17
10-15	27,2	130,80	48
15-20	153,0	281,76	53
20-25	40,1	150,45	38
25-30	51,5	167,64	32
30-35	7,4	16,37	17
>35	1,8	9,97	268

Les coordonnées du Centre de Gravité de la population en saison chaude sont:

- Latitude = 20°24' N (Inertie=0°23' N)

- Longitude = 17°14' W (Inertie=0°02' W)

En saison chaude, le sex ratio dans la partie hauturière est en faveur des mâles. Les tailles des individus des deux sexes varient de 42 à 112 cm. Les mâles sont plus nombreux que les femelles entre 68 cm et 84 cm; au-delà de 84 cm, les femelles deviennent prédominantes. Tous les individus capturés de plus de 92 cm, sont des femelles (Fig. 22).

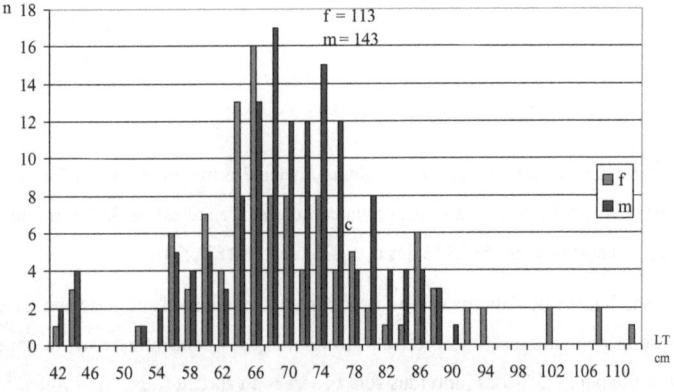

Fig. 22 - Effectifs des tailles par sexe de *M. mustelus* en saison chaude

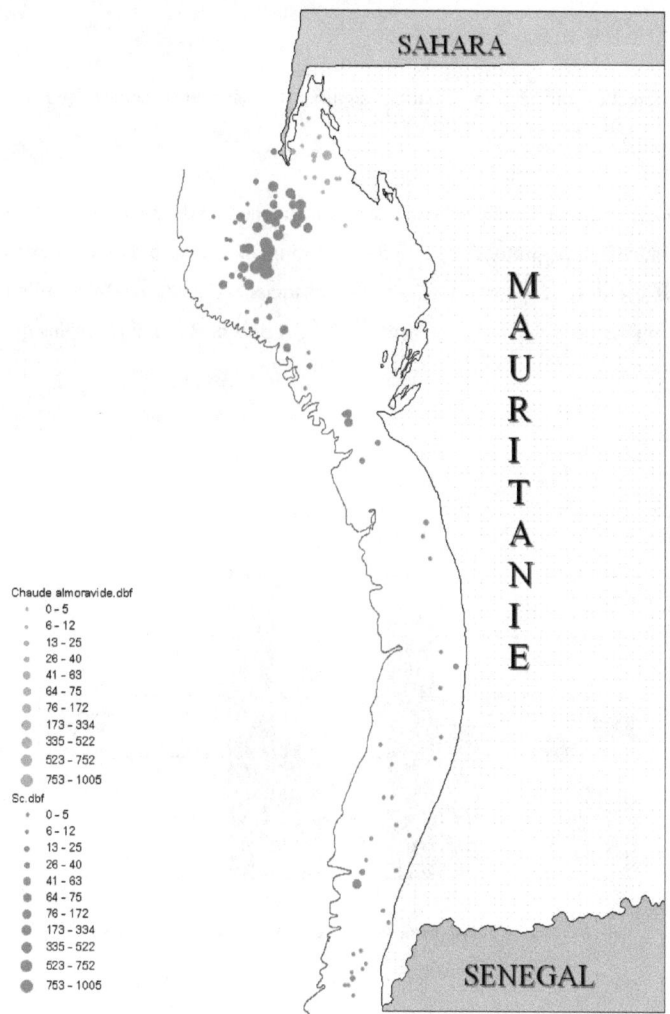

Fig. 23 – Répartition des captures de *M. mustel*us sur le plateau continental mauritanien en saison chaude (Chaude almoravide.dbf: petit navire, Sc.dbf:grand navire)

1. 3. 3. Répartition par sexe

Les femelles ont une distribution significativement plus côtière que les mâles (χ^2=13,01, α=0,01).

Le pourcentage de femelles diminue avec l'augmentation de la profondeur: il passe de 13,5 % des individus aux profondeurs inférieures à 15 m à 2,3 à des profondeurs excédant 35 m. L'inverse est observé pour les mâles: ils constituent 11,8 % de l'échantillon à des profondeurs inférieures à 15 m et 26,6 % à 25-35 m. A plus de 35 m, il n'y a plus que 0,8 % de mâles (Fig. 24).

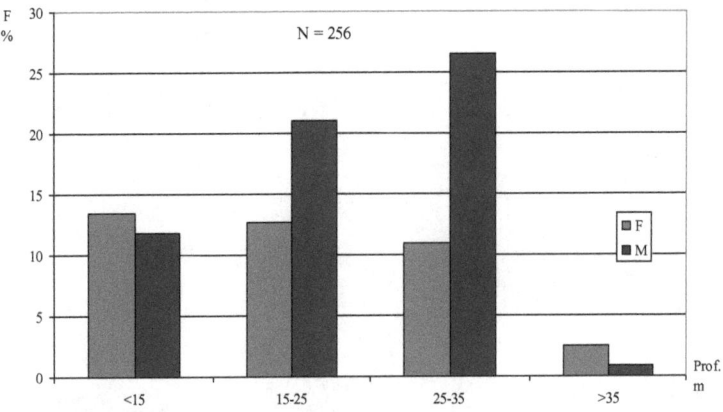

Fig. 24 - Distribution bathymètrique des femelles et des mâles en saison chaude

1. 3. 4. Répartition par taille

Les individus des classes de tailles inférieures à 65 cm diminuent progressivement avec l'accroissement des profondeurs (Fig. 25). A moins de 15 m, 17,7 % des femelles appartiennent à cette classe. Elles deviennent rares entre 25 et 35 m (1,8 %) et absentes au-delà de 35 m. Par contre les individus de classe de tailles 65-80 cm augmentent progressivement de la côte jusqu'à la profondeur où ils atteignent leur maximum: ils représentent 9,7 % des femelles à moins de 15 m et 20,4 % (profondeur 25-35 m). Ils deviennent rares aux profondeurs dépassant 35 m (6,2 %).

Les femelles de taille supérieurè à 80 cm sont rarement capturées à des profondeurs inférieures à 35 m; elles constituent 15,9 % des femelles au-delà de cette profondeur.

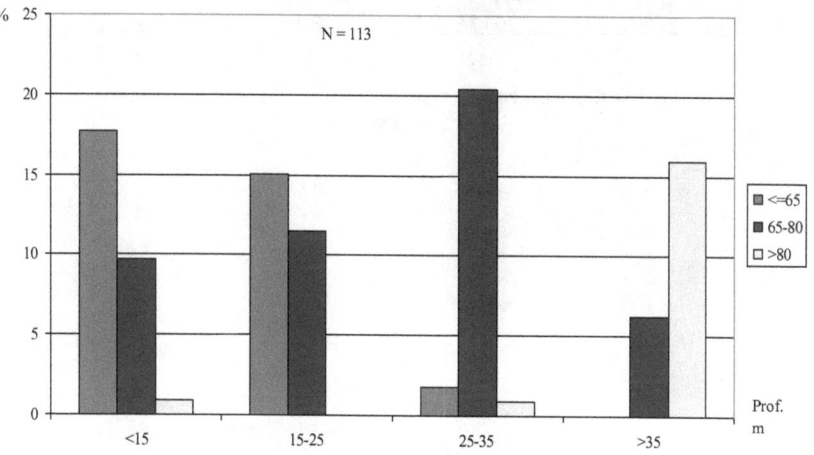

Fig. 25 - Répartition bathymètrique par taille des femelles de *M. mustelus* en saison chaude

La distribution des mâles est semblable à celle des femelles: les poissons de moins de 65 cm représentent 15 % des mâles à une profondeur inférieure à 15 m, diminuent graduellement avec l'augmentation de la profondeur pour être de 6,2 % à 25-35 m; ils sont absents des profondeurs supérieures à 35 m (Fig. 26). Les individus de la classe de tailles 65-80 cm augmentent de la côte jusqu'à la profondeur de 25-35 m. Ils sont absents des profondeurs supérieures à 35 m: ce sont à 9,7 % des mâles à moins de 15 m et 37,2 % à 25-35

m. Les individus de la classe de taille supérieure à 80 cm ne se trouvent qu'à des profondeurs dépassant 15 m. Ils constituent 2,7 % à 15-25 m, 12,4 % à 25-35 m et 1,8 % à plus de 35 m.

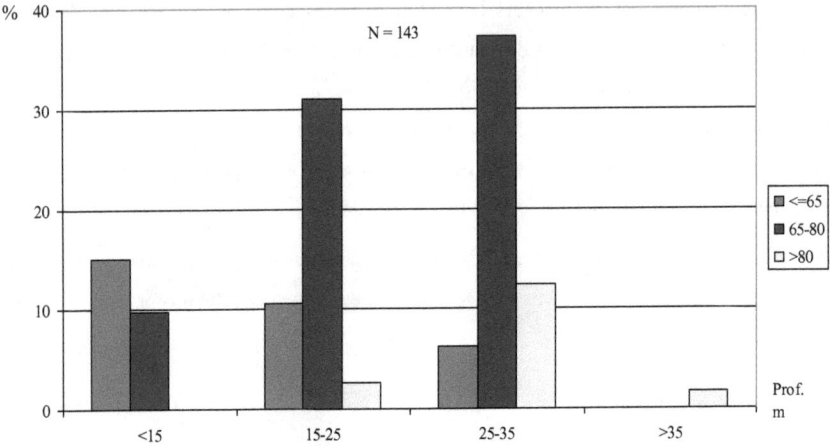

Fig. 26 - Répartition bathymètrique par taille des mâles de *M. mustelus* en Mauritanie

1. 4. Saison de transition chaude-froide

Le rendement moyen atteint un minimum saisonnier de 3,72 individus/30 mn. Le taux d'occurrence dans toute la zone économique exclusive mauritanienne est de 10,24 %, dont une faible part au sud du Cap Timiris (Fig. 27).

Au cours de cette saison, la population est localisée au nord du Cap Timiris: 99 % des poissons y sont observés; le rendement moyen dans la zone Nord Cap Timiris est de 10,2 poissons par 30mn de chalutage. Les rares captures au sud du Cap Timiris concernent des individus isolés observés au voisinage du Fleuve Sénégal. L'espèce a une distribution côtière très marquée: 99,2 % de la population se trouve à des profondeurs inférieures à 25 m et 99,4 % à moins de 35 m; la profondeur maximale de capture est de 113 m. Le rendement moyen est maximum (17,1 individus/30 mn) à des profondeurs de 10-15 m et minimum (0,04) à plus de 35 m (Tab. 7).

Tab. 7 – Rendements moyens et écart-types par strate bathymétrique

(n=nombre de stations)

Profondeurs	Rendement moyen	Ecart - type	n
<=10			
10-15	17,11	40,49	28
15-20	2,15	6,66	13
20-25	3,44	10,33	9
25-30	0,08	0,28	13
30-35			
>35	0,04	0,20	94

Durant cette saison, les coordonnées du Centre de Gravité de la population sont:

- Latitude   = 20°22' N (Inertie=0°24' N)

- Longitude = 16°98' W (Inertie=0°02' W)

66

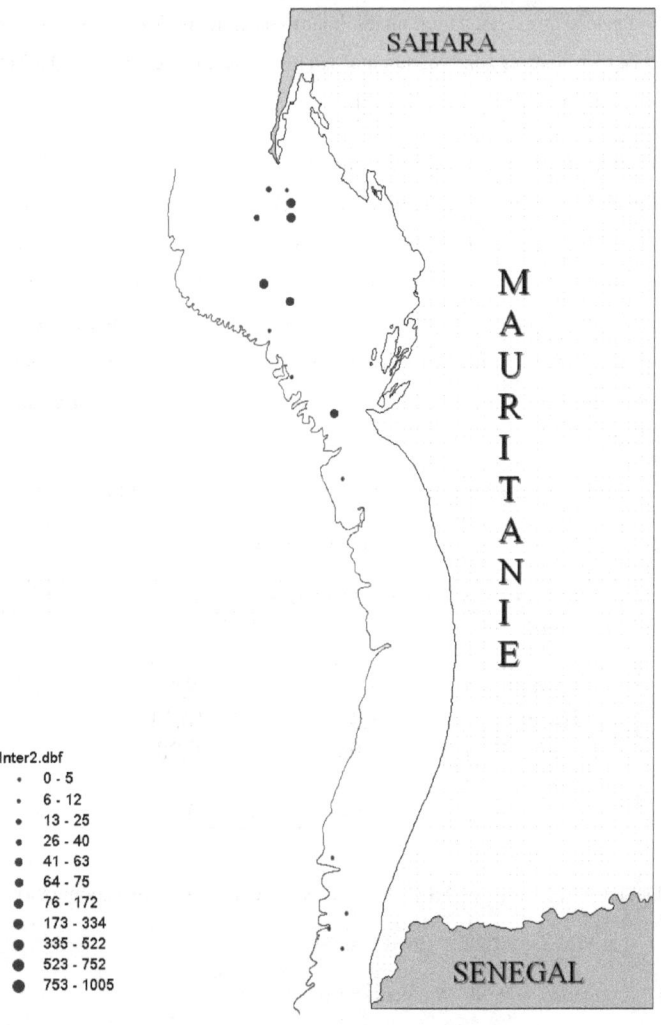

Fig. 27 – Répartition des captures sur le plateau continental mauritanien
en saison de transition chaude - froide (Inter2.dbf: grand navire)

2. La ségrégation par sexe et par taille

Les données de longueur et de sexe utilisées dans ce travail proviennent de 4 campagnes du navire océanographique de l'IMROP qui ont couvert tout le plateau continental. Nous avons considéré qu'il y a ségrégation quand il y a un déséquilibre entre les deux sexes; le taux de 75 % d'un sexe par station démontre une ségrégation. Sur 26 stations dont la structure démographique (sexe et tailles) a été analysée, les captures dans 13 stations sont composées à plus de 75 % d'un seul sexe. A la station 1 (Tab. 8), les captures sont constituées à 100 % de femelles; aux stations 3 et 7 elles sont à 100 % de mâles. Les captures dans les dix autres stations indiquent aussi un déséquilibre entre mâles et femelles.

D'autre part, le sex ratio de 57,81 % de femelles dans les captures de la Pêche Artisanale et 63,37 % de mâles dans les données des campagnes scientifiques prouve une séparation spatiale des sexes.

Pour l'étude de la ségrégation par taille, des classes de taille de 10 cm ont été établies. Des pourcentages de tailles ont été calculés par sexe.

Dans les captures de 18 stations où des femelles ont été mesurées, 13 se composent au moins de 50 % de la même classe de taille de femelles. Les classes de taille 50 et 60 cm constituent 50 % de 2 stations (3 et 10); la classe de 70 cm représente entre 50 et 87 % de 9 stations et les tailles supérieures à 70 cm constituent entre 50 et 75 % des captures dans 4 stations (Tab. 9). Ces résultats montrent une ségrégation par taille des femelles.

Chez les mâles, les captures dans 15 stations sur 23 se composent d'une seule classe de taille. Les classes de tailles 70 et 80 cm sont les seules qui constituent plus de 50 % des captures. La classe 70 cm représente de 50 à 87,5 % des tailles de 9 stations, la taille 80 cm constituant entre 60 et 75 % des tailles dans 3 stations (Tab. 10).

Tab. 8 – Composition par sexe des captures par station (en %)

Stations	F	M
1	100	
2	50	50
3		100
4	16,7	83,3
5	10	90
6	10	90
7		100
8	36,4	63,6
9	7,1	92,9
10	5,3	94,7
11	35	65
12	5	95
13	40	60
14	60	40
15	35	65
16	60	40
17	40	60
18	60	40
19	20	80
20	95	5
21	25	75
22	60	40
23	75	25
24	50	50
25	43,5	56,5
26	27,8	72,2

Tab. 9 – Composition par taille des femelles dans les captures par station (en %)

Stations	<50	60	70	80	90	100	110	120
1				75			25	
2			28,6	71,4				
3	50	50						
4		14,3	42,9	42,9				
5			87,5	12,5				
6		41,7	50,0	8,3				
7	25		75,0					
8			60,0	40				
9	12,5	37,5	25,0	12,5	12,5			
10		50	50					
11			83,3	16,7				
12	16,7	66,7	16,7					
13			50	41,7	8,3			
14		6,7	86,7	6,7				
15				15,8	42,1	21,1	15,8	5,3
16				50		50		
17		5,4	64,9	29,7				
18			13,5	46,2	28,8	7,7	1,9	

Tab. 10 – Composition par taille des mâles dans les captures des stations (en %)

Stations	<50	60	70	80	90	100
1		22,2	44,4	33,3		
2			23,1	38,5	38,5	
3		10,5	42,1	36,8	10,5	
4			60			40
5	12,5	37,5	50			
6			75	16,7	8,3	
7	23,1	23,1	53,8			
8		20,0	60	20		
9		12,5	87,5			
10	37,5	25,0	37,5			
11			12,5	75	12,5	
12		30	40	20	10	
13	25,0	33,3	41,7			
14		6,7	33,3	60		
15		6,3	62,5	31,3		
16				66,7	33,3	
17			75,0	25		
18			57,1	42,9		
19		11,1	44,4	44,4		
20			40,0	60		
21			69,2	30,8		
22		10,4	70,8	18,8		
23	0,7	1,5	79,3	18,5		

3. Discussion

Les études de distribution des poissons en général et des Elasmobranches en particulier basées sur les données de campagnes de prospections scientifiques sont rares (Carrasson *et al.*, 1992, Moranta *et al.*, 1998, Rey *et al.*, 1996, Bertrand *et al.*, 2000, Simpfendorfer *et al.*, 2002). Cette étude de la distribution de *M. mustelus* en Mauritanie porte sur les données de navires océanographiques côtier (petit) et hauturier (grand) de l'institut Mauritanien de Recherche océanographiques et des Pêches (IMROP). Elle a montré que l'émissole lisse n'effectue pas de migration latitudinale en Mauritanie. Sa distribution est quasiment confinée dans la zone située entre le Cap Blanc et la Cap Timiris, ce dernier agissant comme une barrière à la descente au sud de l'espèce. En effet, les captures montrent une forte concentration de la population d'émissoles au nord du Cap Timiris: les proportions varient entre 95,8 % durant la saisons de transition froide-chaude et 99 % en saison transition chaude-froide. Au cours des saisons froide et chaude, ces proportions sont respectivement de 98,4 % et 97,8 % de la population. Les rendements moyens dans la zone nord Cap Timiris (NCT) sont nettement plus élevés que ceux de la zone sud Cap Timiris (SCT): les rendements en NCT varient de 8,13 à 97,17 individus/30 mn, ceux de la SCT de 0,04 à 0,69 individus/30 mn (Tab. 11).

Tab. 11 – Rendements moyens saisonniers en zones NCT et SCT

(en nombre ind./30 mn)

	Saison froide	Transition 1	Saison chaude	Transition 2
NCT	8.13	23.36	97.17	10.20
SCT	0.04	0.36	0.69	0.04

L'aire de distribution correspond à une zone à sédiment sableux (Fig. 2) à proximité d'un upwelling intense dont l'activité dure toute l'année (Voir Zone d'étude). Ainsi, la température (Musick *et al.*, 2000; McFarlane et King, 2003) et la nourriture (Carrasson *et al.*, 1992) pourraient être des facteurs déterminants dans la distribution des émissoles. Les températures de fond correspondant à la distribution de l'espèce varient de 15° en saison froide et 24° C en saison chaude; l'intervalle de températures dans la zone d'abondance est de 16 à 22° C. Les bernard-l'hermite qui constituent la principale proie de *M. mustelus* sont particulièrement abondants dans cette aire (Inejih, comm. pers.).

Au cours de cette étude, un mouvement côte - large a été mis en évidence (Fig. 28). Dans la partie côtière, les rendements moyens en saison froide du petit navire (côtier) Almoravide sont de 6,7 individus/trait de chalut. Le pourcentage d'occurrence atteint 55,4 % des stations prospectées. Le CG (AF) de la population est très côtier (Fig. 29). Par contre dans la partie hauturière, les rendements moyens du grand navire sont de 2,6 individus/30 mn et le pourcentage d'occurrence est de 8,97 % des stations visitées. 99,6 % des poissons ont été pêchés à des profondeurs n'excédant pas 35 m; le CG (SF) est proche du Banc d'Arguin. Dès le début du réchauffement des eaux, en saison de transition froide-chaude, une augmentation de l'abondance est constatée dans la partie hauturière. Les rendements moyens du grand navire sont de 9 individus/30 mn, le pourcentage d'occurrence est devenu plus élevé 14,34 %. 85,9 % des poissons se trouvent à moins de 35 m et le CG (T1) est légèrement décalé vers la gauche, preuve d'un déplacement longitudinal. Durant la saison chaude, les rendements moyens du navire côtier baissent ainsi que les occurrences de *M. mustelu*s dans les captures. Les rendements ne sont plus que de 4,2 individus/trait et les occurrences de 34,5 %. Le CG (AC) de la population se déplace vers le large. Cependant, les rendements moyens du grand navire atteignent leur maximum: 31,3 individus/30 mn, le pourcentage d'occurrence est de 23 %. Si 95,9 % de la population se trouvent encore à des profondeurs inférieures à 35 m, le CG (SC) occupe la position la plus à l'ouest. Avec le début du refroidissement des eaux, le mouvement inverse s'amorce. Ainsi, les rendements du grand navire baissent de façon brutale. Ils ne sont plus que de 3,7 individus/30 mn, les occurrences diminuent également à 10,2 %. Les populations sont très proches de la côte, 99,4 % à moins de 35 m et 99,2 % à moins de 25 m. Le CG (T2) se trouve à une position longitudinale proche de celle de la saison froide.

Les femelles ont une distribution plus côtière que les mâles. Au cours de la saison froide qui correspond à la fois à la période d'accouplement et de mise bas (Voir Reproduction), le rapprochement de la côte concerne surtout les mâles dont le maximum (36,7 %) se trouve à la profondeur de 15-25 m. Les mâles matures de tailles comprises entre 65 et 80 cm se rapprochent de la côte afin de s'accoupler avec les femelles; les mâles de moins de 65 cm restent toujours côtiers. Après l'accouplement, à partir de la saison transition froide-chaude, ces mâles opèrent un mouvement d'ensemble en profondeur. En saison chaude, leur

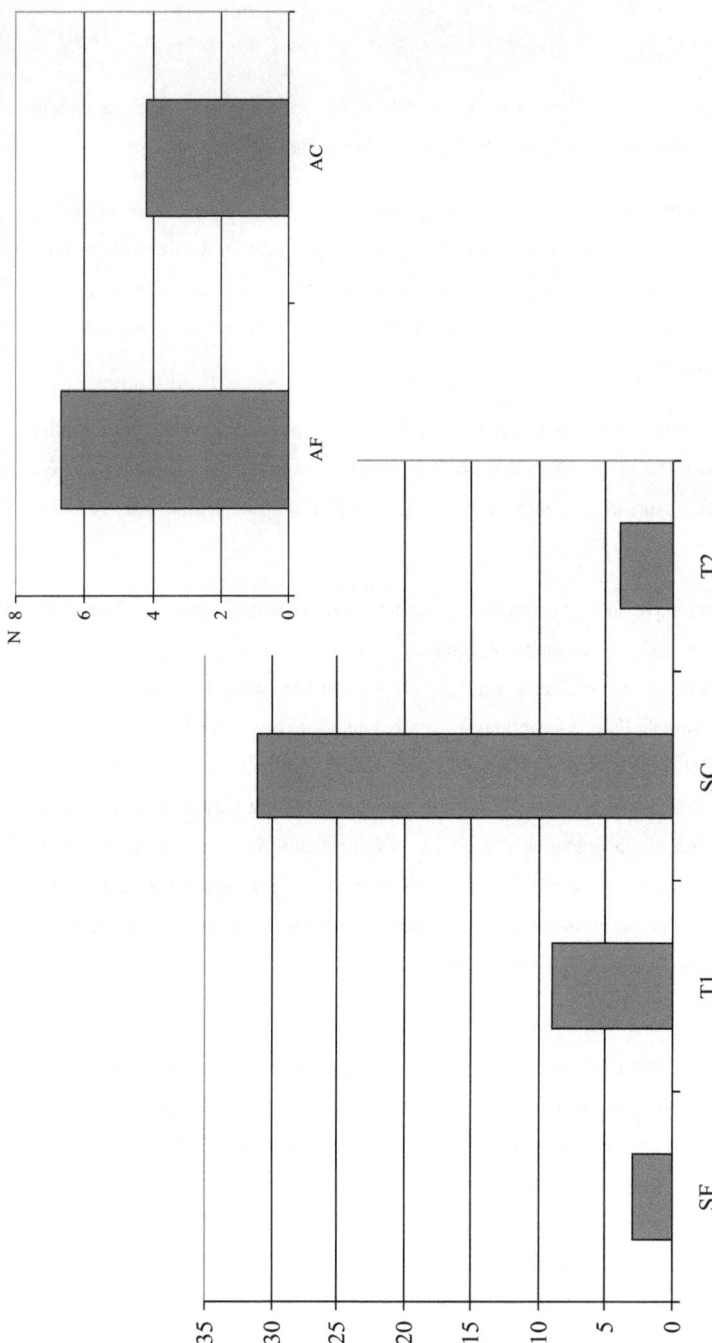

Fig. 28 – Rendements moyens par saison dans la zone côtière (AF: Saison Froide, AC: Saison Chaude) et dans la zone hauturière (SF: Saison Froide, T1: Transition froide-chaude, SC: Saison Chaude, T2: Transition Chaude-froide)

pic (26,6 %) se trouve entre 25-35 m. Les femelles de grande taille non fécondées descendent aussi en profondeur durant la saison chaude (Smale et Compagno, 1997).

En Mauritanie, les résultats sur la distribution de *M. mustelus* montrent un comportement très côtière de l'espèce. FAO (1981), Compagno (1984), Smale et Compagno (1997) situent son abondance à une profondeur inférieure à 50 m, alors que dans le présent travail sa profondeur d'abondance se situe à moins de 25 m; la quasi-totalité de la population se trouve à moins de 35 m.

Ces mouvements côte-large révèlent une affinité différente de celle notée par Girardin (1991) pour *M. mustelus* en Mauritanie. Ce dernier a classé l'émissole dans la communauté à Sparidés à affinité d'eaux froides, alors que dans ce travail elle a une affinité pour les eaux chaudes.

La ségrégation par sexe et par taille est courante chez les Elasmobranches (Bass *et al.*, 1973; Cailliet *et al.*, 1983; Chapuli, 1984; Klimley, 1987). Son étude, est assez complexe et repose généralement sur le suivi de la structure par sexe et par tailles des espèces dans les captures. Chez l'émissole lisse, les captures à certaines stations composées à 100 % d'un seul sexe, la distribution plus côtière des femelles par rapport aux mâles et les déplacements massifs prouvent l'existence de ce comportement. Springer (1967) l'a attribué à un instinct de protection des jeunes de la prédation des adultes, l'alimentation des femelles étant inhibée durant cette période. Les ségrégations des tailles sont aussi mises en évidence chez les femelles et les mâles de *M. mustelus*: les poissons de mêmes tailles ont été souvent observés dans le même chalut. Smale et Compagno (1997) ont rapporté des agrégations de poissons de mêmes tailles.

Wetherbee (1996) a démontré qu'il existait une ségrégation par sexe et par taille chez le sagre longnez *Etmopterus granulosus* en Nouvelle Zélande. Il a noté que les femelles étaient nettement plus abondantes que les mâles et qu'elles représentaient 2/3 des individus de son échantillonnage. Simpfendorfer et Unsworth (1998) ont aussi conclu à une ségrégation par sexe de l'émissole moustache *Furgaleus macki* en Australie après avoir obtenu un sex ratio largement en faveur des femelles (0,66).

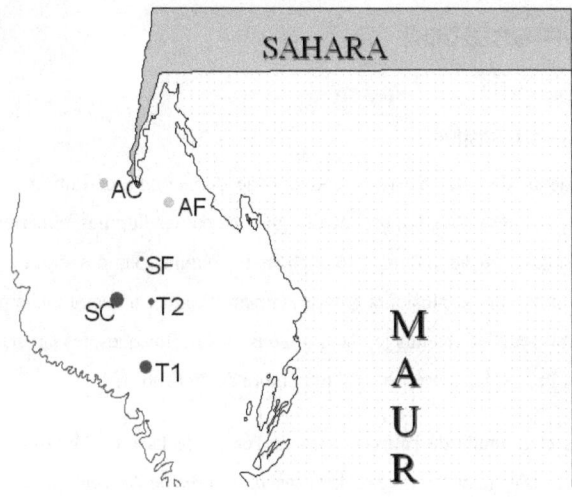

Fig. 29 – Position géographique des Centres de Gravités dans les parties côtière et hauturière
(AC et AF: Almoravide saison chaude et froide; SF et SC: saisons froide et chaude de haute mer; T1 et
T2: transitions froide-chaude et chaude-froide)

V. L'alimentation

1. Analyse qualitative

Au début de cette partie, il convient de donner une définition conventionnelle des termes groupe et ensemble. Un groupe désigne une ou des familles, appartenant généralement à la même classe ou au même embranchement, réunies par des critères anatomiques. Un ensemble contient un ou plusieurs groupes et peut désigner un embranchement ou une classe. Cinq ensembles ont été retenus ici: les Poissons, les Mollusques, les Crustacés, les Annélides et les Autres Proies. Les groupes sont au nombre de 16 (Tab. 12).

Dans cette étude de l'alimentation de l'émissole lisse en Mauritanie, certaines proies ont été déterminées jusqu'au niveau de l'espèce, d'autres ne l'ont été qu'au niveau du genre, de la famille, ordre ou super ordre ou indéterminés.

Tab. 12 – Composition qualitative (par ensembles et groupes) du régime alimentaire de *M. mustelus* en Mauritanie

POISSONS
1°/ ***Clupeidae***
   Ethmalosa fimbriata
   Sardinella aurita
   Sardinella maderensis
   Sardinella sp
   Sardina sp

2°/ ***Sparidae***
   Dentex sp.
   Diplodus bellottii
   Diplodus sargus
   Diplodus sp.
3°/ ***Carangidae***
   Decapterus rhonchus
   Trachurus sp
4°/ ***Congridae***
   Conger conger
   Conger sp
5°/ ***Divers Téléostéens***
   Polynemidae
     Galeoides decadactylus

Monacanthidae
Ophichthidae
Cynoglossidae
   Cynoglossus sp
Moronidae
   Dicentrarchus punctatus
Haemulidae
Sciaenidae
Sciaenidae
Soleidae
Sphyraenidae
   Sphyraena sp

MOLLUSQUES
6°/ ***Gastéropodes***
Volutidae
   Cymbium sp.
Marginellidae
   Marginella sp.
Naticidae
   Natica sp
Divers Gastéropodes

7°/ ***Céphalopodes***
Poulpe
Calmars
Seiches
8°/ ***Bivalves***
9°/ *D.* ***Mollusques***

CRUSTACES
10°/ ***Anomoures***
Albuneidae
Chirostylidae
Diogenidae
Dardanus pectinatus
Porcellanidae
Pisidia sp
Paguridae
Pseudopagurus granulimanus

11°/ ***Brachyoures Reptentia***
Atelecyclidae
Atelecyclus rotundatus
Calappidae
Calappa sp
Portunidae
Callinectes spp
Carcinus maenas
Liocarcinus arcuatus
Liocarcinus armatus
Liocarcinus maculatus
Liocarcinus sp
Macropipus puber
Macropipus sp.
Portunus hastatus
Portunus sp
Dorippidae
Dorippe lanata
Dromiidae
Dromia personata
Dromia sp.
Grapsidae
Grapsus sp.
Leucosiidae
Ebalia sp.
Ilia nucleus
Ilia spinosa
Parthenopidae
Parthenope massena
Ocypodidae

Uca tangeri
Xanthidae
Panopeus africanus
Xantho pilipes
Xanthos sp.
Divers Brachyoures

12°/ ***Macroures reptentia***
Scyllaridae
Scyllarus sp
Upogebiidae
Upogebia sp
13°/ ***Natantia***
Crangonidae
Crangon sp
Peneidae
Penaeus kerathurus
Penaeus notialis
Penaeus sp
Parapenaeopsis atlantica
Sicyonidae
Sicyonia carinata
Divers Crevettes
14°/ ***Divers Crustacés***
Isopodes
Squillidae
Squilla mantis
Squilla sp.
Lysiosquilla sp
Cirripèdes
Balanus sp.
Divers décapodes

ANNELIDES
15°/ ***Vers Polychètes***
Annélides indéterminés
Nereididae
Nereis sp

AUTRES PROIES
16°/ Divers
Tuniciers
Tunicata sp.
Spongiaires
Spongia sp.

2. Analyse quantitative

L'étude quantitative du régime alimentaire a été réalisée par l'examen des contenus stomacaux de 401 femelles et 226 mâles. L'application du test de comparaison des moyennes des pourcentages en nombre à de grands échantillons indépendants a montré que la différence entre les femelles et les mâles n'est pas significative (Zc = 0,31, α=0,01). Ainsi, le traitement des données dans ce travail est fait sans distinction de sexe.

2. 1. Coefficient de vacuité

Les requins dont les estomacs étaient vides représentaient 10,3 % des individus échantillonnés. Aucune tendance n'est visible à travers le suivi mensuel de ce coefficient. En dehors des mois de février (19,5 %) et d'avril (32 %), il est relativement bas (<10 %).

Le coefficient de vacuité est très variable: de 0,4 % en décembre à 32 % en avril (Fig. 30).

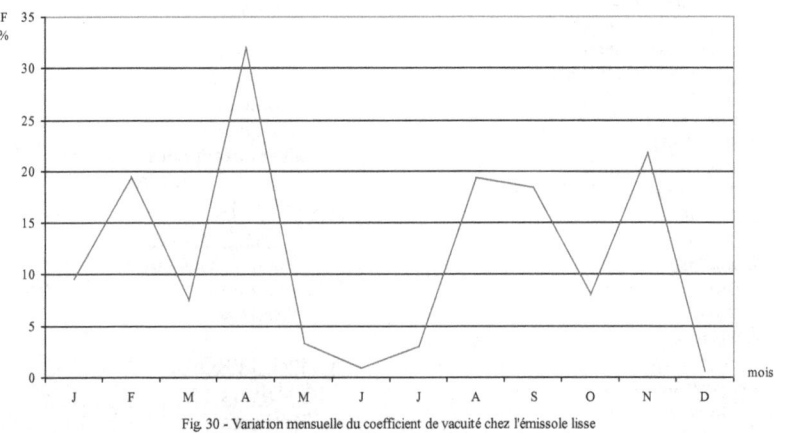

Fig. 30 - Variation mensuelle du coefficient de vacuité chez l'émissole lisse

2. 2. Nombre d'espèces proies

Le nombre d'espèces proies par individu varie de 1 à 7 (moyenne 2,05). La moyenne mensuelle chute entre janvier et mai, passant de 2,24 à 1,58; elle augmente de septembre à décembre de 1,54 à 2,83 (Fig. 31). Entre ces deux périodes, un accroissement de mai (1,58) à juin (2,36) puis une chute jusqu'au mois de septembre (1,54) sont visibles.

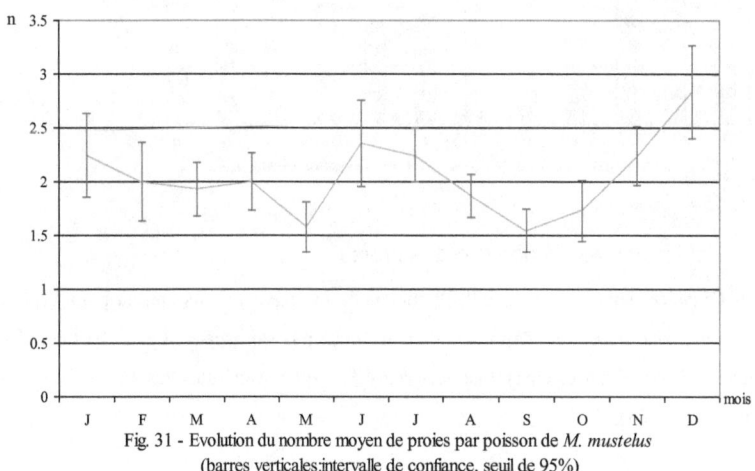

Fig. 31 - Evolution du nombre moyen de proies par poisson de *M. mustelus*
(barres verticales:intervalle de confiance, seuil de 95%)

2. 3. Nombres et poids moyens de proies par estomac

Le nombre moyen de proies par estomac est de 3,27, réparti comme suit selon les ensembles: Crustacés 2,19, Téléostéens 0,46, Mollusques 0,19, Annélides 0,23 et Autres Proies 0,20.

Le poids moyen du contenu stomacal est de 11,05 g par émissole dont 4,61 g de Crustacés, 4,27 g de Poissons, 1,79 g de Mollusques, 0,06 g d'Annélides et 0,31 g d'Autres Proies.

Un suivi par mois a permis de calculer un poids moyen mensuel des contenus stomacaux des poissons examinés: il atteint un pic de 17,6 g par émissole en janvier et une valeur minimale de 7 g en août. Entre janvier et mai (saison froide), les poissons proies deviennent dominants; à partir de juillet, ce sont les Crustacés qui le sont (Fig. 32). Les Mollusques sont surtout abondants en juillet, les Autres Proies en septembre et juillet alors que les Annélides sont abondants en novembre et janvier.

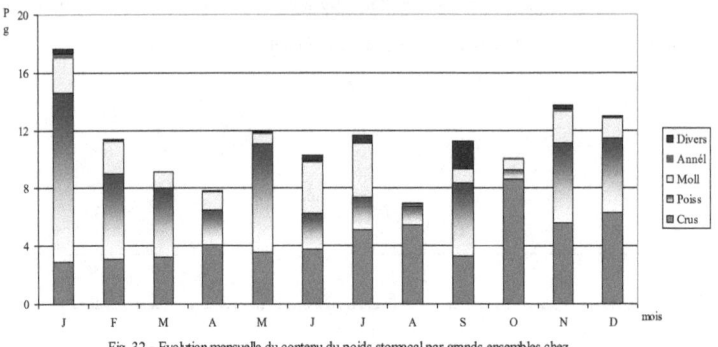

Fig. 32 - Evolution mensuelle du contenu du poids stomacal par grands ensembles chez
M. mustelus

2. 4. Pourcentages en nombre des proies

Les Crustacés sont des proies préférentielles de *M. mustelus* : ils entrent pour 67,0 %
(2/3) du nombre total de proies identifiées dans les contenus stomacaux. Les Téléostéens en
représentent 14 % et les autres ensembles sont dans l'ordre les Annélides, les Autres Proies et
les Mollusques (Fig.33).

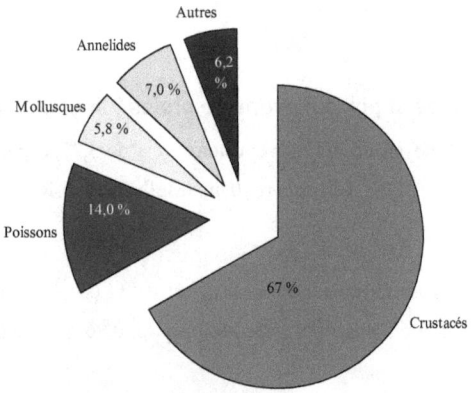

Fig. 33 - Pourcentages en nombre des ensembles de proies de *M.
mustelus*

Les Crustacés se composent de:

- Anomoures, 46,0 % du nombre total des individus consommés. Ce groupe est presque exclusivement constitué de bernard-l'hermite (99,9 % des Crustacés); les Chirostylidés, Albunéidés et les Porcellanidés (*Pisida sp*) ayant été rarement observés;

- Brachyoures avec 16,3 % se répartissant entre plusieurs sous-groupes dont notamment les Divers Brachyoures (10,1 %), les Xanthidés (2,3 %) et les Leucosiidés (1,6 %);

- Natantia qui ne représentent que 3,1 %. Il s'agit de crevettes, surtout Penaeidés (*Penaeus notialis, P. keraturus, Penaeus sp* et *Parapenaeopsis atlantica*);

- Macroures (0,1 %), rarement représentés;

Les Poissons se divisent en:

- Divers Téléostéens 8,3 % des proies;
- Clupéidés: 3,1 %, surtout des sardinelles et des ethmaloses;
- Congridés: 1,2 %;
- Sparidés: 1,2 % surtout des *Diplodus sp* (0,4 %);
- et Carangidés 0,3 %, notamment *Decapterus rhonchus*.

Les Mollusques sont des Gastéropodes, des Céphalopodes, des Bivalves et des Divers Mollusques. Les Gastéropodes (à 94,3 % de *Cymbium sp*) et les Céphalopodes (Poulpe, Seiches et Calmars) sont les plus abondants, successivement 3,5 et 1,3 %. Les Bivalves sont rares: ils n'entrent que pour 0,4 % du nombre de proies observées dans le régime alimentaire de *M. mustelus*.

Les Annélides sont représentés par Annélides Indéterminés qui constituent 5,7 % et *Nereis sp* 1,3 %.

Le groupe Divers (1,92 %), l'ensemble Autres Proies comprend, des Spongiaires (*Spongia sp*), les plus nombreux, et des Tuniciers (*Tunicata sp*).

Un classement par rang a été opéré pour les groupes de proies identifiés. Les Crustacés occupent les deux premières places avec les Anomoures et les Brachyoures. Ils sont suivis par les Poissons (Divers Téléostéens) et les Annélides (Tab. 13).

Tab. 13 – Classement par rang des effectifs des groupes proies de *M. mustelus*

Groupe	Rang	Groupe	Rang	Groupe	Rang
Anomoures	1	Clupéidés	7	D. Crustacés	13
Brachyoures	2	Divers	8	Bivalves	14
D. Téléostéens	3	Céphalopodes	9	Carangidés	15
Vers Polychèt.	4	Sparidés	10	Macroures	16
Gastéropodes	5	Congridés	11		
Natantia	6	D. Mollusques	12		

La représentation graphique du pourcentage d'abondance en fonction de la fréquence d'occurrence, comme préconisé par Costello (1990) et Cortés (1997), montre que les Crustacés sont dominants dans le régime alimentaire et tous les autres ensembles peuvent être considérés comme des proies rares (Fig. 34).

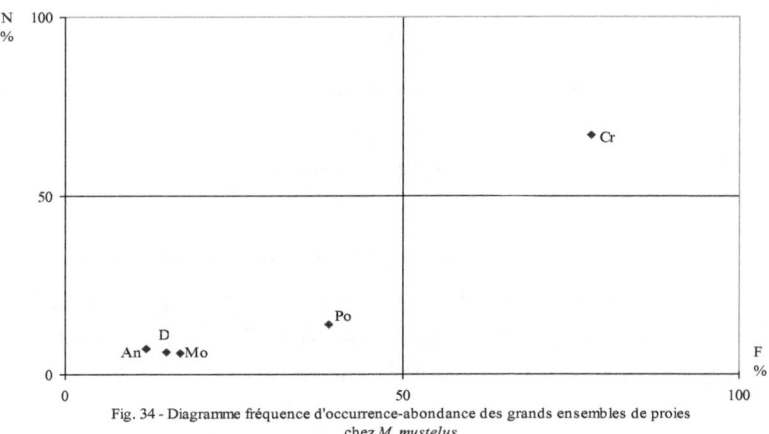

Fig. 34 - Diagramme fréquence d'occurrence-abondance des grands ensembles de proies chez *M. mustelus*

2. 5. Pourcentages en poids des proies

En poids, les Crustacés totalisent 41,8 % du poids des proies consommées, les Téléostéens 38,7 % (Fig. 35). Les Mollusques, les Annélides et les Autres Proies représentent successivement 16,2 %, 0,6 % et 2,8 %.

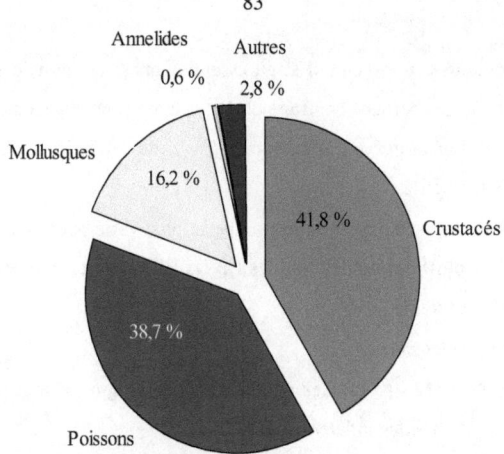

Fig. 35 - Pourcentages en poids des grands ensembles proies de *M. mustelus*

Le classement par rangs, basé sur les pourcentages en nombres est différent de celui basé sur les pourcentages en poids. Ainsi, hormis les Anomoures et les Divers Mollusques qui ont conservé les mêmes rangs (Rang 1 – Rang 2 = 0), tous les autres groupes changent de rang. Tous les Poissons ont avancé dans le classement, les Clupéidés et les Carangidés qui occupaient les 7e et 15e rang dans le classement basé sur les pourcentages en nombre sont 3e (+4) et 10e (+5) (Tab. 14). Les groupes constitués d'individus de petite taille ont reculé dans le classement de plusieurs rangs (-10 pour les Vers Polychètes).

Tab. 14 – Classement par rang des groupes de proies de *M. mustelus* selon le poids

Groupe	Rang	R1-R2	Groupe	Rang	R1-R2	Groupe	Rang	R1-R2
Anomoures	1	0	Céphalopodes	7	+2	D. Mollusques	13	-1
D. Téléostéens	2	+1	Divers	8	0	Vers Polychètes	14	-10
Clupéidés	3	+4	Congridés	9	+2	Macroures	15	+1
Gastéropodes	4	+1	Carangidés	10	+5	Bivalves	16	-2
Brachyoures	5	-3	Natantia	11	-5			
Sparidés	6	+4	D. Crustacés	12	+1			

(R1: rang dans le classement basé sur l'effectif des proies et R2: rang dans le classement basé sur les poids des proies).

2. 6. Les indices d'occurrence

Calculé pour les grands ensembles Crustacés, Téléostéens, Mollusques, Annélides et Autres Proies, l'indice d'occurrence (IO) est successivement de 0,78, 0,39, 0,17, 0,12 et 0,15.

Les groupes de proies les plus fréquemment observés sont (Tab. 15):

- Les Anomoures (IO=0,64): il s'agit essentiellement de bernard-l'hermite dont l'IO atteint 0,63. Les bernard-l'hermite en Mauritanie sont surtout représentés par deux espèces, *Pseudopagurus granulimanus* (80 % de l'effectif) et *Dardanus pectinatus* (20 % de l'effectif).

- Les Brachyoures (0,33): c'est le groupe le plus varié avec plus de 25 espèces ou genres. Les plus représentés sont les Divers Brachyoures 0,23 et ceux de la famille des Xanthidés 0,05.

- Les Divers Téléostéens (0,25);

- Les Vers Polychètes (0,12): les représentants de ce groupe sont surtout réunis dans la rubrique Annélides Indéterminés (0,08).

- Les Gastéropodes (0,11): représentés surtout par *Cymbium sp* (0,10).

Tab. 15 – Indices d'occurrence, pourcentages en nombre et en poids des groupes de proies chez *M. mustelus*

	Ind. Occurrence	% Nombres	% Poids
CRUSTACES			
Anomoures	0,64	46,00	31,36
Brachyoures	0,33	16,81	8,26
Natantia	0,08	3,17	0,96
Divers Crustacés	0,02	0,73	0,77
Macroures	0,00	0,10	0,41
POISSONS			
Divers Téléostéens	0,25	8,33	15,75
Clupéidés	0,09	3,07	12,12
Sparidés	0,03	1,17	6,94
Congridés	0,03	1,17	2,45
Carangidés	0,01	0,34	1,42
MOLLUSQUES			
Gastéropodes	0,10	3,46	10,75
Céphalopodes	0,04	1,32	4,73
Divers Mollusques	0,02	0,58	0,68
Bivalves	0,01	0,44	0,05
ANNELIDES			
Vers Polychètes	0,12	7,12	0,56
AUTRES PROIES			
Divers	0,06	2,05	2,71

3. Discussion

Les proies identifiées au cours de cette étude sont très diversifiées: 82 désignations d'espèces, de genres ou de familles. Sur les côtes méditerranéennes d'Espagne, Morte *et al.* (1997) n'ont signalé que 41 espèces proies de *M. mustelus*, mais le nombre moyen d'espèces proies par estomac (2,05) est inférieur à celui relevé par ces auteurs (4,09).

L'échantillonnage des captures aux filets droits pour l'étude du régime alimentaire a été jugé au début de ce travail comme cause du grand coefficient de vacuité observé, pour pallier cela, l'étude a été complétée par un échantillonnage d'individus capturés par les navires scientifiques. Malgré cela, les coefficients de vacuité observés sont restés élevés. Le haut coefficient de vacuité (10,3 %) pourrait être dû à une évacuation gastrique fréquente de *M. mustelus* (Cortés et Gruber, 1990). Ce coefficient obtenu ici est relativement élevé comparé à celui obtenu par Morte *et al.* (1997), 3,1 %.

En terme d'effectifs, les Crustacés sont dominants dans les proies de *M. mustelus* et représentent 67,0 % des proies consommées, alors que les poissons n'en représentent que 14,0 %, les Annélides 7,0 %, les Mollusques 5,8 % et les Autres Proies 6,2 %. En Mauritanie, la forte dominance des Crustacés dans l'alimentation de l'espèce est principalement due à la présence des Anomoures (en particulier des bernard-l'hermite) et secondairement aux Brachyoures. Les Natantia et les Macroures sont plus rares. Les Poissons consommés sont en majorité des Clupéidés, Congridés et Sparidés. Les Mollusques sont surtout des Gastéropodes (notamment le genre *Cymbium*), plus rarement des Céphalopodes (poulpes et seiches). Les Annélides sont des Vers Polychètes et des Nereididés *(Nereis sp)*.

Les résultats du classement par rang des groupes basés sur les effectifs de proies diffèrent fortement de ceux basés sur les poids de proies, mais ils restent inchangés pour les Anomoures qui sont les proies préférentielles. Ils occupent le 1e rang dans l'estimation de l'effectif des proies et des poids avec 67 % des individus et 46 % du poids des proies consommées. La position des Crustacés dans le diagramme d'occurrence/abondance montre leur nette dominance dans les proies (Costello, 1990; Cortés, 1997), alors que les autres proies sont considérées comme rares. Les Poissons représentent 38,7 % du poids des contenus stomacaux de l'espèce, alors que les Mollusques, les Annélides et les Autres Proies respectivement 16,2 %, 0,6 % et 2,8 %.

En Méditerranée, les Crustacés sont aussi les proies les plus fréquentes de *M. mustelus*. Ils représentent 77,7 % du nombre total d'individus ingérés par l'espèce; ce sont principalement des Brachyoures (Morte *et al.*, 1997). Les crevettes et les stomatopodes sont rares. Les pourcentages de Poissons sont similaires à ceux relevés ici (14,1 %), alors que les Mollusques et les Annélides étaient observés en faibles nombres.

Les travaux sur le régime alimentaire du genre *Mustelus* sont rares. Chez l'émissole tachetée *Mustelus asterias*, Ellis *et al.* (1996) ont aussi observé en mer d'Irlande un régime basé sur les Crustacés (97,4 %) notamment les crabes du genre *Liocarcinus* et les pagures. Par contre, chez *M. canis* en Atlantique nord ouest Gelsleichter *et al.* (1999) ont signalé que les Crustacés ne représentaient que 52,4 % du nombre d'individus des proies, mais 80,3 % du poids.

Les indices d'occurrence renseignent sur les habitudes alimentaires des poissons (Cailliet, 1977) et peuvent donner des informations sur le séjour des prédateurs dans des habitats donnés (Zaret et Rand, 1971). Les Crustacés sont les proies préférentielles de *M. mustelus* (indice d'occurrence: 0,78). L'indice des Poissons est de 0,39, alors que ceux des Mollusques, des Annélides et des Autres Proies sont de 0,17; 0,12 et 0,15.

Ces résultats démontrent que les Crustacés, qui sont plus vulnérables que les Poissons et d'autres proies très mobiles (ex: Certains Mollusques), sont les proies privilégiées des émissoles.

Les différences de résultats entre la Méditerranée et l'Atlantique laissent penser que *M. mustelus* est une espèce opportuniste qui se nourrit principalement d'espèces vulnérables et secondairement d'autres espèces dont la capture serait plus difficile. Ainsi, la zone de distribution de l'émissole lisse en Mauritanie est particulièrement riche en bernard-l'hermite, accessibles quand ils sortent des coquilles de Gastéropodes.

Cet opportunisme est fréquemment rapporté chez les Elasmobranches. Wetherbee *et al.* (1990), Pedersen (1995), Martin-Juras *et al.*, (1987) et Lessa et Almeida (1997) ont noté ce comportement chez le requin citron *Nagaprion brevirostris*, la raie *Raja clavata* et le requin tiqueue *Carcharhinus porosus*. Il porte d'abord sur les espèces proies distribuées dans la même aire que le prédateur (et plus vulnérables) et pourrait être utilisé comme indicateur du comportement pélagique ou benthique (Macpherson, 1980). White *et al.* (2004) en comparant le régime alimentaire de quatre espèces d'Elasmobranches ont pu séparer le comportement benthique de la raie *Rhinobatus typus,* qui recherche les Crustacés épibenthiques, du comportement pélagique des requins *Carcharhinus cautus, Negaprion acutidens* et *Rhizprionodon acutus* qui préfèrent les Téléostéens pélagiques. En Mauritanie, l'importance d'espèces épibenthiques des groupes Anomoures (en particulier bernard-l'hermite) Brachyoures dans le régime alimentaire de *M. mustelus* démontre que ce requin vit en rapport étroit avec le fond (comportement benthique).

VI. La reproduction

1. Les appareils génitaux

1. 1. L'appareil génital chez le mâle

L'appareil génital du mâle de *M. mustelus* est constitué d'une paire de testicules, de canaux et d'organes annexes: les organes copulateurs, les ptérygopodes, présents chez tous les mâles d'Elasmobranches (Fig. 36).

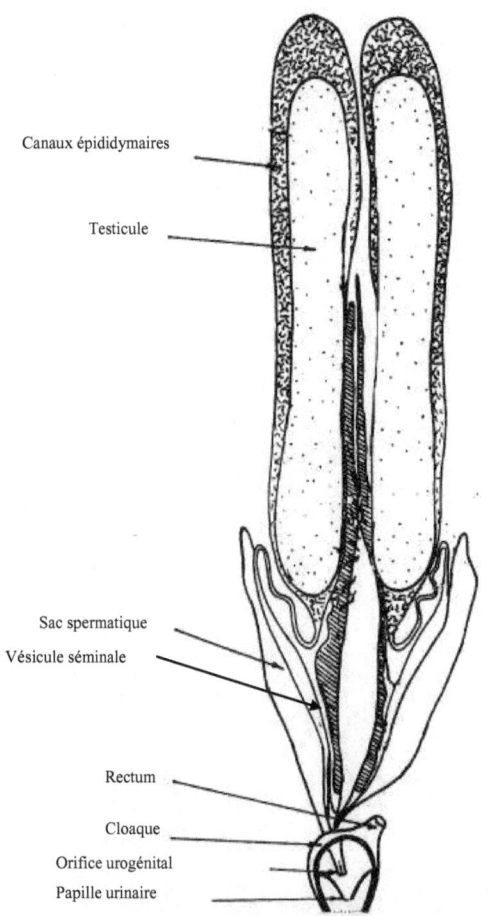

Canaux épididymaires

Testicule

Sac spermatique
Vésicule séminale

Rectum

Cloaque
Orifice urogénital
Papille urinaire

Fig. 36 – Appareil génital mâle d'émissole lisse
(d'après nature)

1. 1. 1. Les testicules

Chez un mâle mature, les testicules sont de grande taille et blanchâtres, aisément reconnaissables dans la cavité générale (Fig. 37). Les deux testicules, de même taille, sont dorsaux dans la cavité générale et reliés par un mésorchium à l'épididyme dans leur partie antérieure. Ils sont aplatis dorso-ventralement et peuvent mesurer 20 cm de long 3 cm de large.

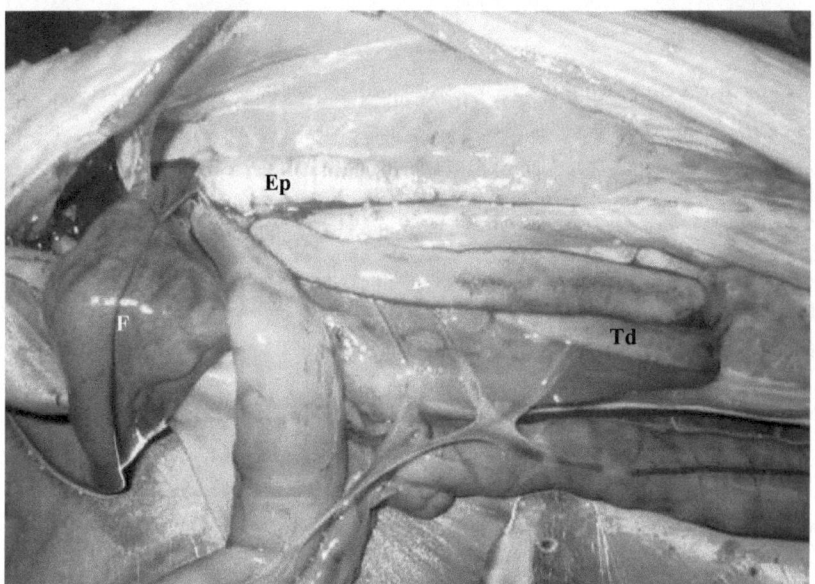

Fig. 37 – Situation des testicules dans la cavité générale

Ep: épididyme, Tg: testicule gauche, Td: testicule droit, F: foie

Chez les jeunes mâles immatures, les testicules sont difficilement identifiables à l'œil nu. Avec la maturité sexuelle ils le deviennent en augmentant de volume. Leur poids maximum (26 g) ne dépasse pas en général 4,4 % du poids somatique total. Par la suite, ils vont augmenter et varier en poids en fonction de l'activité sexuelle des poissons.

1. 1. 2. Les canaux et les organes annexes

Les canaux de l'appareil génital sont les canaux efférents, les canalicules épididymaires (épididyme) et les canaux déférents. Ce derniers se poursuivent dans la vésicule séminale (appelée aussi "ampoule du canal déférent") qui communique avec le sac spermatique.

Chez *M. mustelus*, les 2 à 3 canaux efférents émergent de la partie antérieure du testicule (Gérard, 1958). Contenus dans le mésorchium, ils conduisent les spermatozoïdes des testicules vers les canalicules épididymaires qui forment des circonvolutions complexes à l'intérieur de l'épididyme.

Les canaux épididymaires s'élargissent en descendant et se transforment en canaux déférents qui entrent dans la glande de Leydig, partie modifiée du mésonephros à fonction sexuelle. La fonction du canal qui était dans la partie antérieure le stockage de spermatozoïdes se transforme en une fonction de formation et de stockage des spermatophores (Pratt, 1979).

Le canal déférent augmente graduellement de diamètre en pénétrant dans le rein et forme la vésicule séminale (ou ampoule du canal déférent). Le sac spermatique a une forme semblable à la vésicule séminale, mais il est plus développé. Il apparaît comme une doublure de la vésicule et s'étend antérieurement le long du rein.

Les spermatozoïdes formés dans les spermatocystes (ou ampoules séminifères), passent individuellement par les canaux efférents dans l'épididyme. Les secrétions de la glande accessoire s'écoulent dans l'épididyme et forment une matrice qui permet de les garder en suspension. Dans les parties basses de l'épididyme, ils s'agrègent en parallèle pour former des groupes de 60 à 70 chez le requin bleu *Prionace glauca*; dans la partie antérieure du canal déférent des centaines de ces groupes s'agrègent en spermatophores et sont stockés dans la vésicule séminale (Pratt, 1979). Matthews (1950) a fait une description détaillée des structures et fonctions impliquées dans la formation des spermatozoïdes chez le requin pèlerin *Cetorhinus maximus*: le regroupement des spermatozoïdes en spermatophores permet de réduire les pertes dans l'eau lors de l'accouplement. Pour Pratt, c'est une manière efficace de stockage dans les conduits déférents du mâle: les spermatophores éclatent au contact de l'eau de mer et libèrent les spermatozoïdes.

1. 1. 3. Les ptérygopodes et la glande siphonale

Les ptérygopodes sont des appendices cartilagineux, plus ou moins calcifiés selon la maturité des mâles, qui permettent l'écoulement du sperme. Chez les Elasmobranches, ce sont des nageoires pelviennes modifiées. Chez *M. mustelus*, ils se forment en octobre quand l'embryon mesure environ 12 cm de longueur totale.

A la naissance, les ptérygopodes mous et non calcifiés, sont plus courts que les pelviennes (Fig. 38). Au cours de la croissance, ils se calcifient, grandissent et les dépassent. Ils mesurent environ 1,5 cm au moment de leur formation et 10-12 cm chez les mâles adultes. Ils servent à retenir la femelle au moment l'accouplement et à inséminer le sperme (Mellinger, 1989).

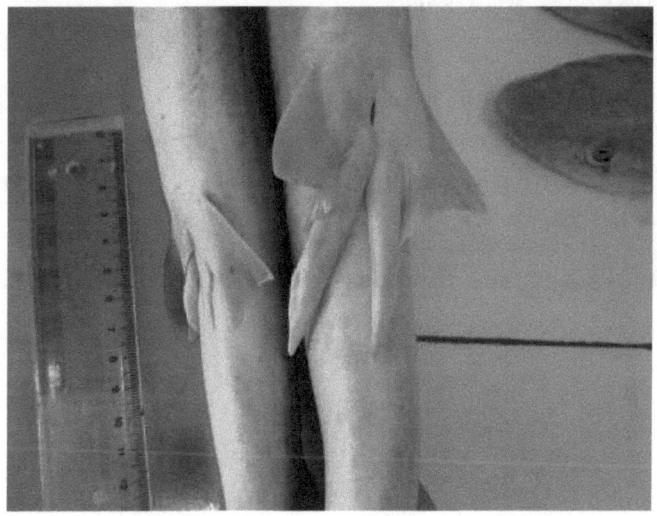

Fig. 38 – Ptérygopodes d'un mâle juvénile (58 cm LT) et d'un mâle adulte (64 cm LT)

de *M. mustelus*

Les siphons sont des sacs musculeux, associés à chaque ptérygopode avec lequel ils communiquent par des sillons. Ils contiennent les glandes siphonales qui sécrètent un lubrifiant; ils se remplissent d'eau au moment de l'érection et permettent de propulser le sperme dans les voies génitales de la femelle au moment de l'accouplement (Pratt, 1979).

1. 2. L'appareil génital chez la femelle

L'appareil génital de la femelle est formé d'un ovaire muni d'un organe épigonal, de 2 trompes, de 2 glandes nidamentaires, de 2 oviductes et de 2 utérus.

1. 2. 1. L'ovaire

Chez *M. mustelus*, l'ovaire est allongé d'aspect gélatineux, transparent pouvant contenir des ovocytes à des stades de développement différents (Fig. 39). Il est supporté dans sa partie postérieure par un tissu adipeux, l'organe épigonal, qui se prolonge jusqu'à la glande rectale, dans la partie postérieure du corps.

L'ovaire est suspendu par un mésovarium à la partie antérieure de la cavité abdominale. Chez l'émissole lisse, il est de type externe (c'est à dire plein, selon la classification de Pratt, 1988), par opposition à l'ovaire de type interne (ou creux) des Lamniformes qui est caractéristique des Elasmobranches oophages. Les ovocytes des ovaires externes sont de plus grande taille.

Chez *M. mustelus*, il n'existe qu'un seul ovaire le droit (hypoplasie); son poids varie de 1 à 22 g et n'atteint pas en général 1% du poids corporel.

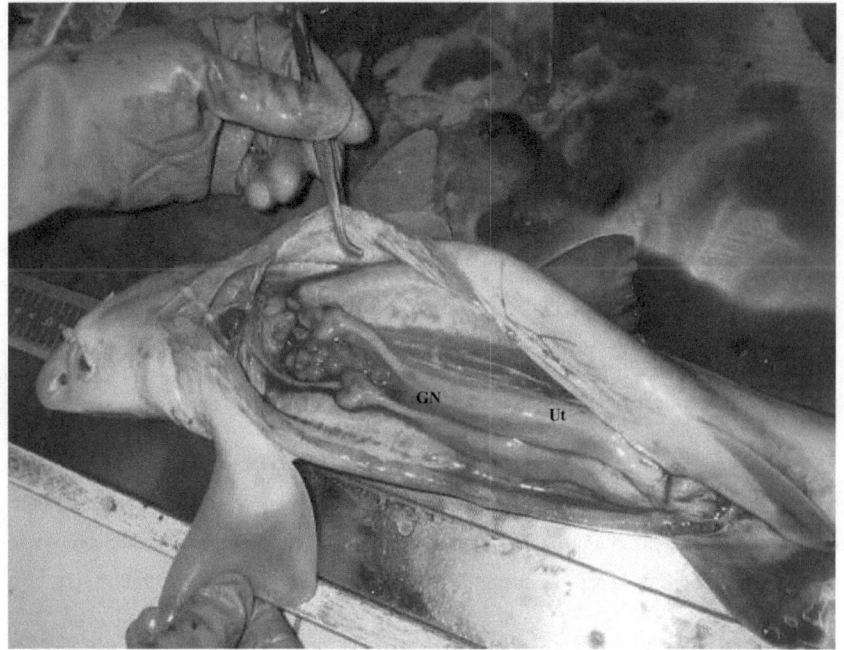

Fig. 39 – Situation de l'appareil génital dans la cavité générale d'une femelle mature

(Ovocytes jaunes, GN: glande nidamentaire, Ut: utérus)

1. 2. 2. Les trompes ou oviductes antérieurs

Comme chez tous les Elasmobranches, les trompes chez *M. mustelus* sont des canaux dont le rôle est le transport des ovocytes jusqu'aux glandes nidamentaires (Hamlett et Koob, 1999). Chez l'émissole lisse, les deux trompes se rejoignent en arrière de l'œsophage pour former un ostium, ouverture unique au bas de l'oviducte.

1. 2. 3. Les glandes nidamentaires ou glandes de l'oviducte

Les glandes nidamentaires chez *M. mustelus* sont en forme de cœur aplati, situées entre les trompes et les oviductes. Leur taille et leur poids peuvent varier dans le temps: en mars elles ont un diamètre compris entre 1 et 3 cm et un poids de 0,5 à 5 g. Elles sont en général moins développées chez les Elasmobranches vivipares que chez les ovipares. Trois parties, qui ont des fonctions différentes, sont reconnaissables dans une glande nidamentaire (Gérard, 1958):

- la partie supérieure, blanche et transparente, dont la muqueuse est creusée de profondes invaginations tubulaires sécrète l'albumine de l'œuf;

- la partie intermédiaire, blanc jaunâtre, dont la muqueuse est également profondément plissée secrète la prokératine, composant essentiel de la capsule de l'œuf;

- la partie inférieure dont la muqueuse est moins plissée que celles des deux autres secrète essentiellement du mucus qui permettra à l'œuf de glisser dans l'utérus.

C'est aussi dans la glande nidamentaire que se produit la fécondation des ovocytes. La sécrétion de la capsule par la glande nidamentaire se fait en deux étapes: la partie postérieure qui va accueillir l'œuf entouré d'albumine se forme en premier; la partie antérieure de la capsule qui va refermer la capsule autour de l'œuf se forme ensuite (Budker, 1958).

Des coupes histologiques (Planche I) réalisées dans le tiers inférieur des glandes nidamentaires de femelles capturées en février mettent en évidence la présence de spermatozoïdes chez toutes les femelles échantillonnées; l'une de ces femelles était gestante et portait 4 embryons dans son utérus. Certaines de ces coupes montrent que ces spermatozoïdes proviennent d'un accouplement récent (Pratt, 1979) car ils sont situés encore au niveau de la lumière des glandes. Chez la femelle gestante ils proviendraient d'une insémination plus ancienne car des tubules sont déjà formés autour des spermatozoïdes (Planche II). Le stockage des spermatozoïdes au niveau des glandes nidamentaires est fréquent chez les Elasmobranches. Pratt (1979; 1993) l'a observé chez le requin bleu *Prionace glauca,* chez le requin renard *Alopias vulpinus,* le requin taupe commun *Lamna nasus,* le requin obscur *Carcharhinus obscurus,* le requin gris *Carcharhinus plumbeus,* le requin tigre *Galeocerdo cuvieri,* le requin bleu, le requin aiguille gussi *Rhizprionodon terranovea,* le requin marteau halicorne *Sphyrna lewini* et le requin marteau tiburo *Sphyrna tiburo.* Ce stockage permettrait la fécondation d'ovocytes mûrs plusieurs mois après l'insémination. D'après Richards *et al.* (1963), la raie *Raja erinacea* continue à produire des œufs fécondés en captivité sans mâle. Castro *et al.* (1988) ont également observé que des femelles de roussette *Scyliorhinus retifer* isolés des mâles émettaient des œufs fécondés pendant plus de 28 mois en bassin.

Selon Dodd (1983), les spermatozoïdes issus d'une seule insémination peuvent assurer des fécondations successives.

a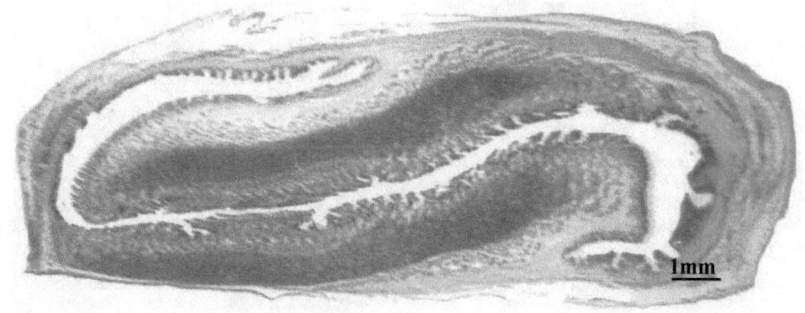

b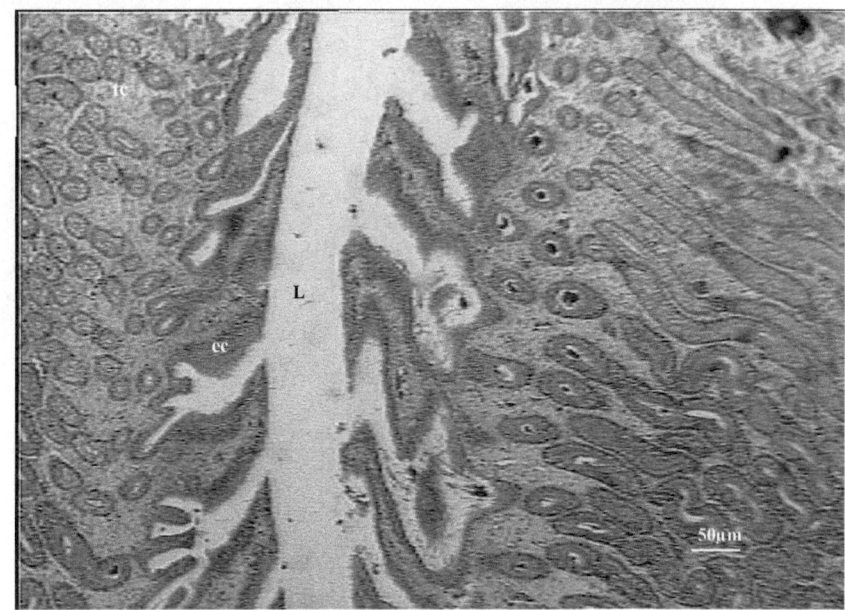

Planche I

La glande nidamentaire chez *M. mustelus*

a) Coupe transversale

b) Organisation interne tc: tissu conjonctif, ec: épithelium cilié, L: lumière

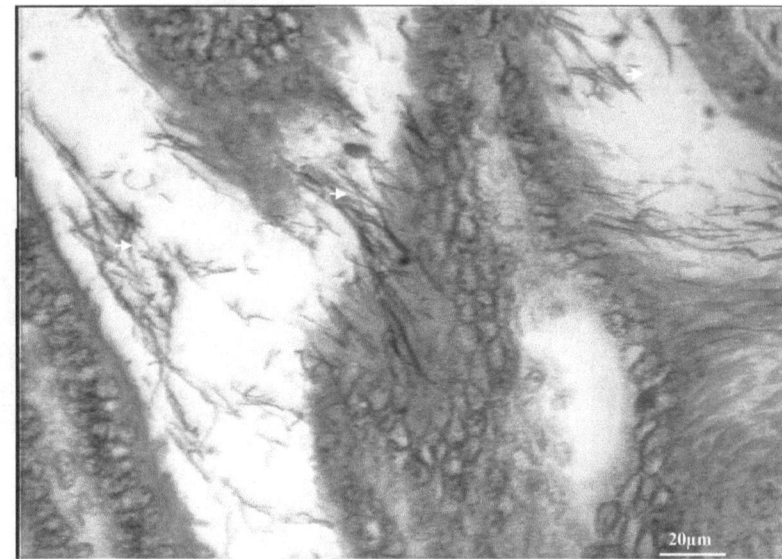

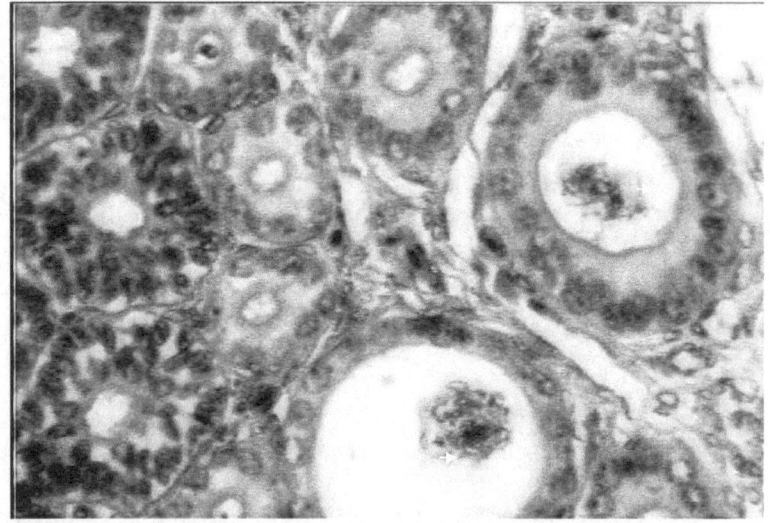

Planche II

Stockage de spermatozoïdes dans la glande nidamentaire

a – Spermatozoïdes (flèches) encore dans la lumière des glandes (récente insémination)

b - Spermatozoïdes (flèches) dans les lumières des tubules de glandes

1. 2. 4. Les isthmes (ou oviductes)

L'isthme est un étranglement situé entre l'utérus et la glande nidamentaire. Sa longueur chez *M. mustelus* varie selon l'état de la maturité sexuelle. Ce serait un sphincter, qui isolerait le contenu de l'utérus, prévenant son retour éventuel dans la cavité abdominale (Widakowich In Hamlett et Koob, 1999).

1. 2. 5. L'utérus

L'utérus est un canal large dont la muqueuse est pluristratifiée (Gérard, 1958). Chez l'émissole lisse, il est constitué d'un tissu épais et ferme qui se vascularise et se dilate en période de reproduction (Fig. 40).

Chez les jeunes femelles, l'utérus est difficile à identifier; avec la croissance, il le devient, sous la forme d'un filament très fin dont la largeur va augmenter progressivement jusqu'à la maturité sexuelle, passant de quelques millimètres chez une femelle immature à 9 cm chez une femelle porteuse d'embryons à terme. La largeur de l'utérus augmente avec le nombre d'embryons portés. Les deux utérus d'une même femelle peuvent avoir des largeurs différentes selon le nombre d'embryons portés.

Les ovocytes fécondés dans la glande nidamentaire descendent dans l'utérus. Ils sont alors plus volumineux, ovales et riches en vitellus de couleur jaune. La capsule chez *M. mustelus* est vrillée et de couleur brune.

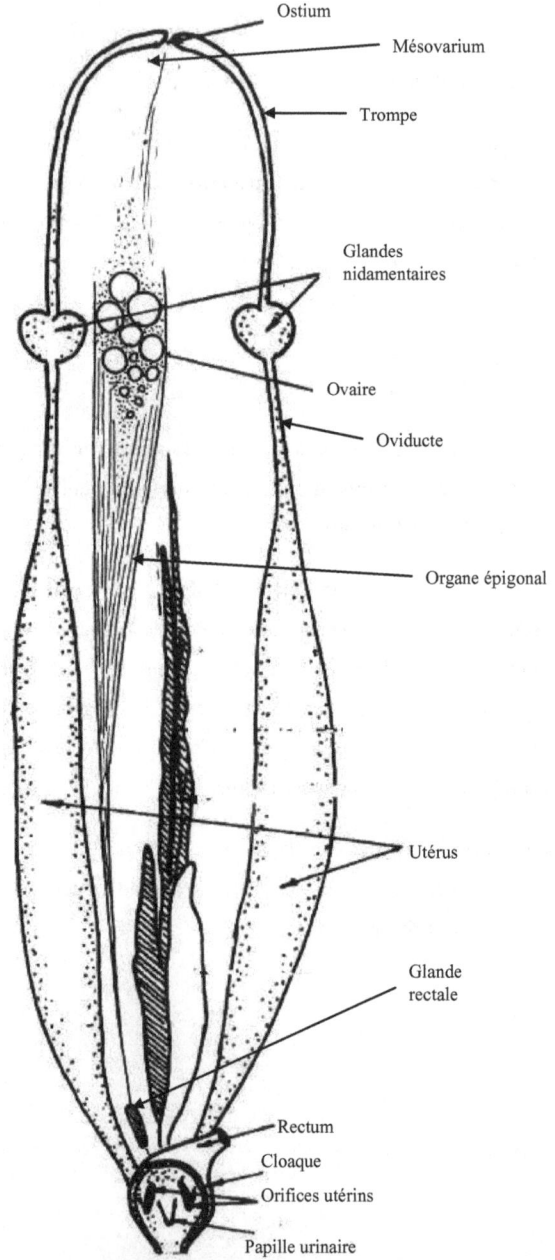

Ostium

Mésovarium

Trompe

Glandes
nidamentaires

Ovaire

Oviducte

Organe épigonal

Utérus

Glande
rectale

Rectum

Cloaque

Orifices utérins

Papille urinaire

Fig. 40 – Appareil génital femelle de l'émissole lisse *M. mustelus*
(d'après nature)

1. 3. La maturation des gamètes

1. 3. 1. Chez la femelle

Chez les femelles d'Elasmobranches, l'évolution de l'aspect des ovaires peut être suivi par des examens macroscopiques. La production et le développement des ovocytes sont facilement visibles à l'œil nu, même avant le début de la vitellogenèse. Au début de la maturation, les ovocytes sont transparents et de petites tailles, mesurant généralement 1 mm et pouvant atteindre 5 mm de diamètre. Ils ne contiennent pas de vitellus. Ils vont ensuite entrer en vitellogenèse, devenir jaunes en raison de la présence du vitellus et augmenter de taille. Les tailles observées des ovocytes en vitellogenèse sont très variables: de 1 mm à 21 mm de diamètre, plus souvent de 2 à 4 mm. 50% des ovocytes vitellogéniques mesurent 4 mm de diamètre (Fig. 41). Les ovocytes en vitellogenèse sont présents toute l'année, sauf à la fin de période de fécondation où il y a arrêt de l'activité vitellogénique; la maturation des ovocytes est continue jusqu'à la taille d'ovulation qui est de 10 à 21 mm de diamètre.

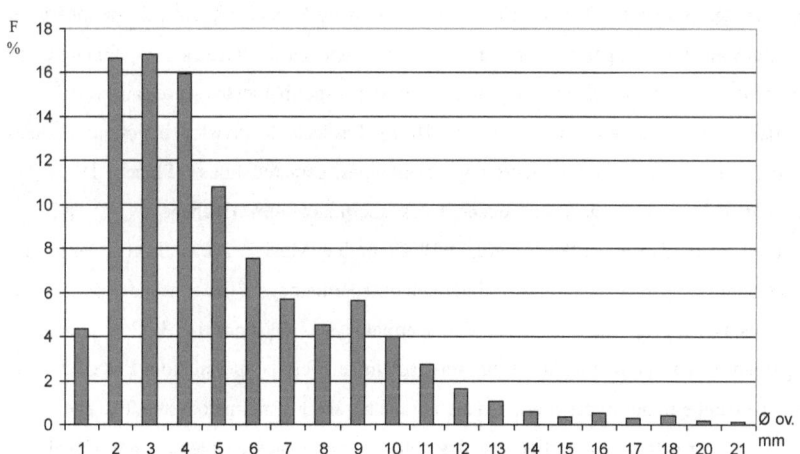

Fig. 41 - Fréquence par taille des ovocytes en vitellogenèse chez les femelles durant la période d'étude

1. 3. 2. Chez le mâle

Le testicule de l'émissole est constitué d'unités semi-circulaires, les spermatocystes (Planche III 1). Cette structure polyspermatocystique du testicule des Elasmobranches décrite par Parsons et Grier (1992) a longtemps été confondue avec la forme lobulaire ou tubulaire

(Matthews, 1950 et Teshima, 1981). Pratt (1988) a procédé à une classification de testicules selon le mode de maturation des spermatocystes et a distingué trois types de testicules. Ces types sont: diamétral (Carcharhiniformes), radial (Lamniformes) et composé (Batoïdes). Chez *M. mustelus*, les testicules sont diamétraux; la maturation commence à partir d'une zone dite zone germinale et évolue en direction de la zone de dégénérescence des spermatocystes (Planche III 1).

Une coupe histologique dans un testicule de mâle mature en période de reproduction permet de voir tous les stades de la spermatogenèse chez *M. mustelus*. Les spermatogonies primaires et leurs cellules de Sertoli sont visibles dans la zone germinale (Planche III 2). Selon Parsons et Grier (1992), ces cellules ne sont visibles que dans le tissu conjonctif, avant la formation des spermatocystes. Au cours de la formation des spermatocystes (cystogenèse), la membrane basale du spermatocyste se met en place et les spermatogonies primaires se transforment en spermatogonies secondaires, arrangées à l'intérieur du spermatocyste en une seule rangée. Les cellules de Sertoli se trouvent du côté de la lumière du spermatocyste (Planche III 3). Les spermatogonies en se multipliant par mitoses deviennent des spermatocytes primaires (Planche III 4). Les cellules de Sertoli migrent à la périphérie du spermatocyste pour se positionner contre la membrane basale jusqu'à la spermiation. La première division méiotique aboutira à la formation des spermatocytes secondaires facilement identifiables par leur petit noyau (Planche III 5). La seconde division méiotique donnera naissance aux spermatides avec leurs noyaux allongés, caractéristiques (Planche IV 1). Les spermatides donneront par spermiogenèse les spermatozoïdes (Planche IV 2) qui sont immatures quand ils sont isolés (Callard, 1991; Conrath et Musick, 2002). Ils vont par la suite se regrouper en "paquets" spiralés à l'intérieur du spermatocyste; ils sont alors prêts à être émis dans la zone de dégénérescence des spermatocystes (Planche IV 3). Les paquets se désagrégent et les spermatozoïdes sont émis isolément: c'est la spermiation. Les cellules de Sertoli peuvent être observées près de la membrane basale des spermatocystes (Planche IV 4).

Les spermatocystes contiennent des cellules germinales au même stade d'évolution (Parsons et Grier, 1992). Selon ces auteurs, le nombre de spermatozoïdes chez *Sphyrna tiburo* est estimé à 29000 par spermatocyste, 16000 et 32000 chez *Torpedo marmorata* et *Scyliorhinus canicula* (Stanley, 1966).

Une fois dans les canaux déférents, les spermatozoïdes vont s'agréger à nouveau, têtes parallèles, en spermatophores de 60 à 70 spermatozoïdes (Pratt, 1979).

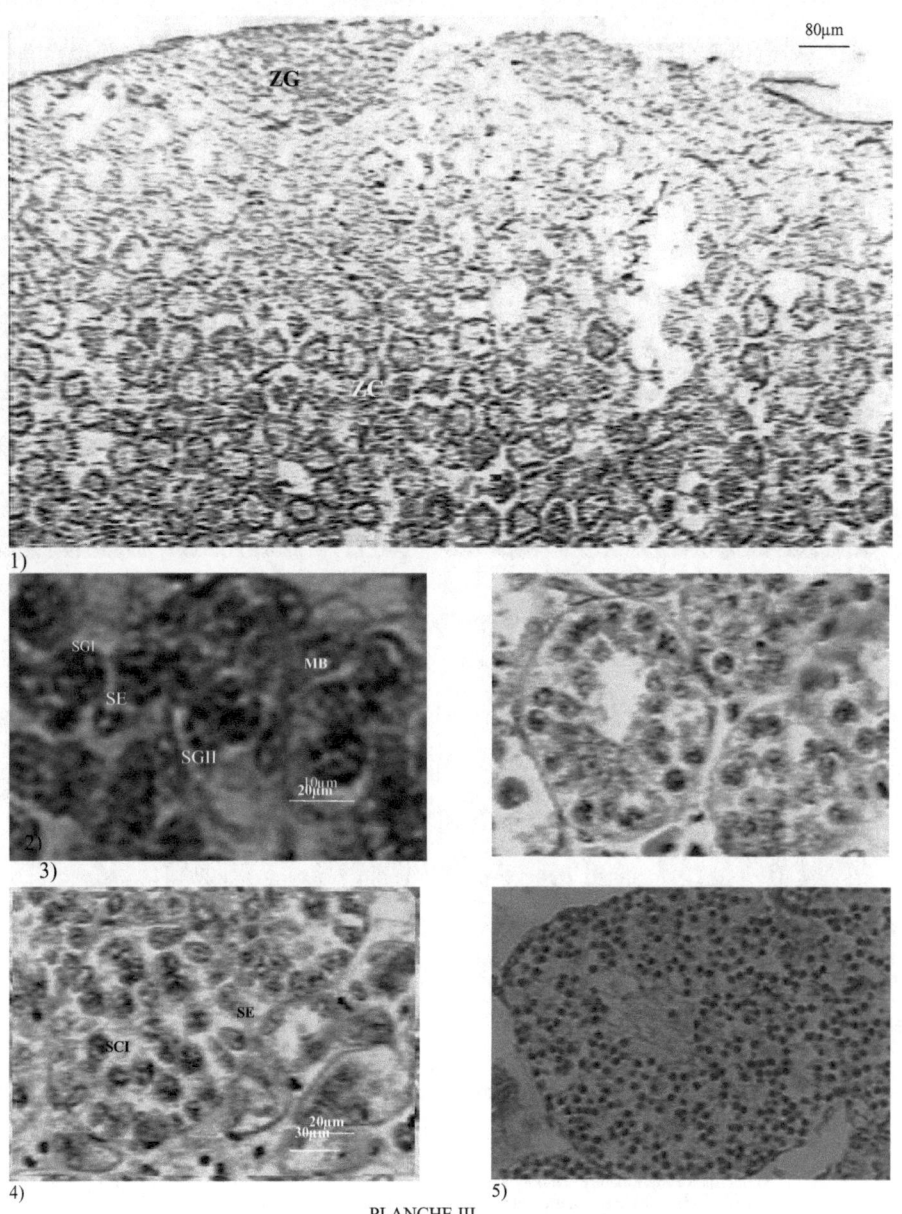

PLANCHE III
La spermatogenèse chez *M. mustelus*

1) Anatomie d'un testicule d'émissole lisse ZG: zone germinale; ZC: zone cystique
2) Spermatogonies primaires (SGI) et cellules de Sertoli (SE) dans le tissu conjonctif
3) Formation de cyste: membrane basale et ses spermatogonies secondaires et cellules de Sertoli du côté de la lumière du cyste
4) Spermatocytes primaires et cellules de Sertoli périphériques
5) Spermatocytes secondaires

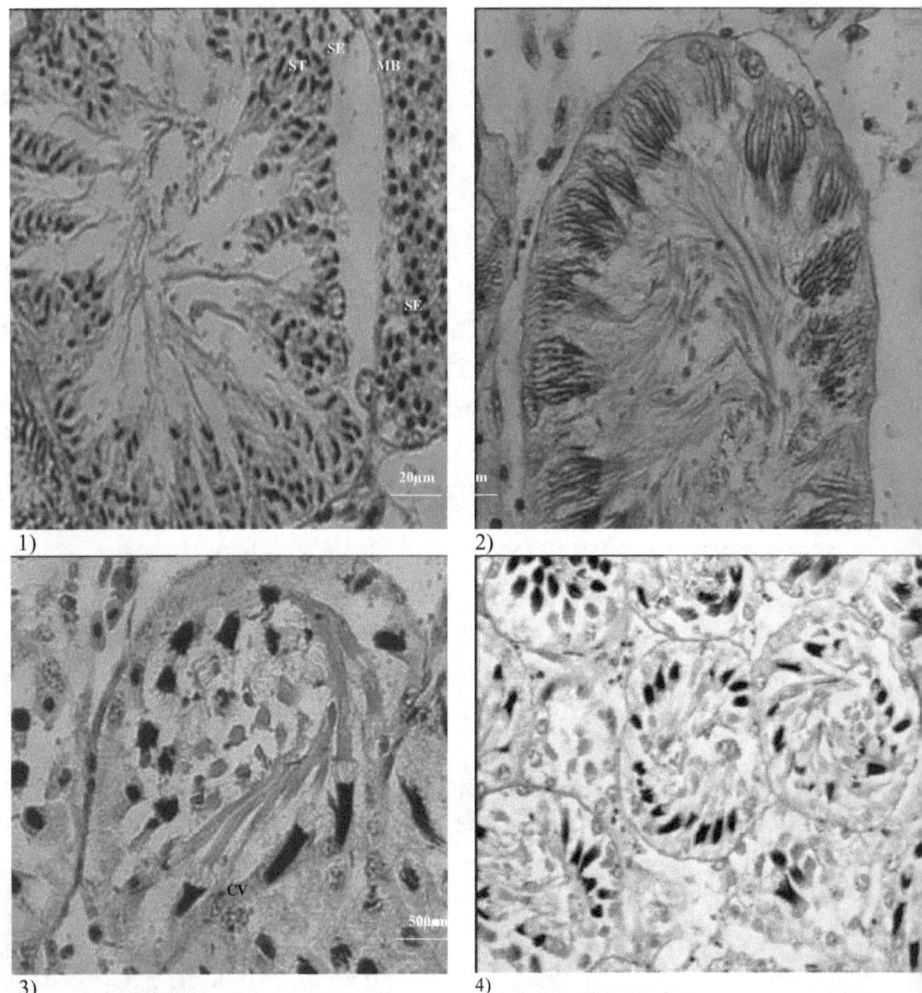

PLANCHE IV

La spermatogenèse chez *M. mustelus*

1) Spermatides (ST) avec leurs noyaux allongés à un stade avancé
2) Spermatozoïdes immatures encore isolés et cellules de Sertoli (SE) accolées à la membrane basale (MB)
3) Spermatozoïdes matures en bouquets
4) Cyste vide (CV) après spermiation

2. Le cycle annuel de la reproduction

2.1. Le sex ratio

Durant les deux années d'étude et parmi les individus échantillonnés, les femelles étaient plus nombreuses que les mâles: 57,8 % des individus observés étaient des femelles. Le sex ratio (SR) varie entre 0,7 en février et 3,2 en septembre. Son évolution a permis de distinguer deux périodes dans l'année (Fig. 42):

- une comprise entre juin et octobre pendant laquelle les femelles sont nettement dominantes: elle représentent les 2/3 de l'échantillon (SR=2,09);

- l'autre comprise entre novembre et mai où il y a alternativement dominance de l'un des sexes sur l'autre et durant laquelle les sexes peuvent être considérés équivalents (SR=1,03). En période d'accouplement, de janvier à mai, les mâles se rapprochent de la côte à la rencontre des femelles: le SR est de 1,02. Les mâles s'accouplent avec toutes les femelles matures. Cette période correspond aussi à la période de parturition. A la fin de l'accouplement les mâles rejoignent le large.

Chez les embryons, les deux sexes sont équilibrés: sur 1067 embryons observés, 531 étaient des mâles et 536 des femelles. Le sex ratio est de 1.

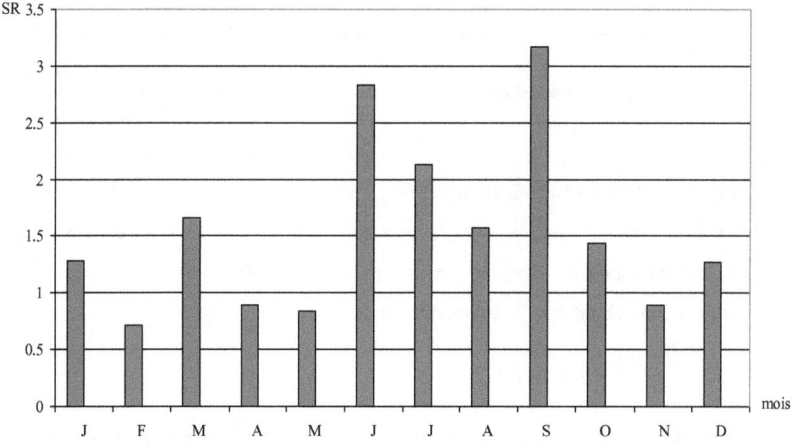

Fig. 42 - Evolution mensuelle du sex ratio chez *M. mustelus* dans l'échantillon

L'analyse par taille selon les sexes met en évidence un décalage vers la droite de la courbe des femelles par rapport à celle des mâles (Fig. 43). Les mâles semblent plus nombreux que les femelles dans les tailles les plus petites (inférieures à 66 cm); à partir de 66 cm de longueur totale la proportion s'inverse. A partir d'une taille de 85 cm, les mâles disparaissent dans l'échantillon.

Dans la distribution des tailles, le mode des mâles se situe à 66 cm; celui des femelles à 67 cm.

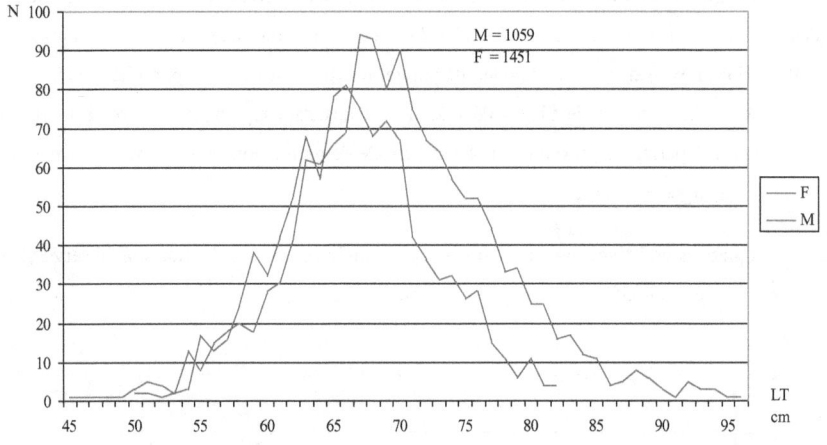

Fig. 43 - Evolution des effectifs par taille des femelles et mâles dans l'échantillon

2. 2. Le cycle annuel chez le mâle

Le cycle annuel chez le mâle a été étudié en suivant l'évolution pondérale des testicules, celles en longueur des ptérygopodes et du poids du foie. Les trois organes jouent en effet un rôle prépondérant dans l'activité reproductrice des Elasmobranches.

2. 2. 1. Les testicules

A la naissance, les testicules des émissoles ne sont pas visibles à l'œil nu. Ils le deviennent lorsque les mâles mesurent entre 50 et 54 cm de longueur totale: ils sont à cette taille filiformes et pèsent un peu moins d'1 gramme.

Le poids des testicules varie fortement selon l'état de maturité sexuelle du poisson. Ainsi, le poids des testicules peut fluctuer considérablement chez les individus de même taille (Fig. 44).

$$y = 4,2527 \text{Ln}(x) - 3,3304$$
$$R2 = 0,6286$$
$$n = 948$$

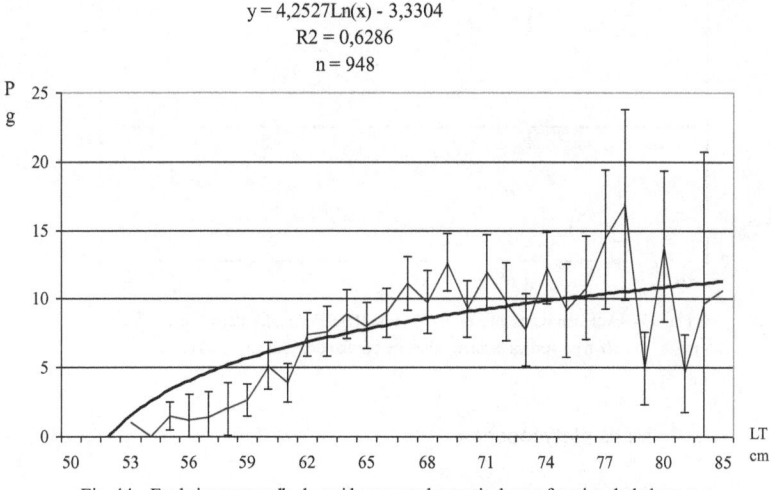

Fig. 44 - Evolution mensuelle du poids moyen des testicules en fonction de la longueur totale des mâles

L'évolution du Rapport Gonado Somatique passe par 3 périodes distinctes (Fig. 45):

- une période de décroissance: le poids des testicules atteignant son maximum en décembre chute à partir de ce mois jusqu'à mai;

- une période de repos durant laquelle les gonades ne changent pratiquement pas de poids par rapport au poids corporel, elle s'étend de mai à juillet;

- une période de croissance qui commence dès le mois d'août.

Au cours de la première période, le RGS passe de son pic observé en décembre de 2,2 % à 1,9 % en janvier et 0,2 % en mai (minimum). C'est au cours de cette période que pourrait avoir lieu l'accouplement. Du sperme retrouvé entre février et mars dans les vésicules séminales de plusieurs individus matures confirme cette hypothèse. Durant la période de stabilité, le RGS varie très peu; il est de 0,30 % en juin et juillet. La dernière période est marquée par une croissance à partir du mois d'août; il atteint 1,9 % en novembre et 2,2 en décembre.

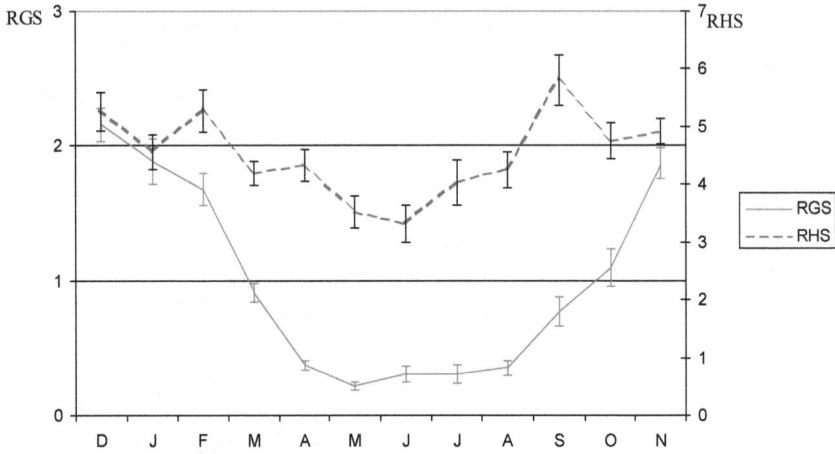

Fig. 45 - Evolution mensuelle du RGS et du RHS des mâles dans l'échantillon
(barres verticales:intervalles de confiance, seuil de 95 %)

2. 2. 2. Les ptérygopodes

La taille des ptérygopodes dépend de l'état de maturité des individus. Chez les jeunes
mâles, de longueurs inférieures à 59 cm, ils sont mous et de tailles inférieures ou égales aux
nageoires pelviennes; à partir d'une longueur totale de 60 cm, ils commencent à les dépasser.
Au cours de la croissance, ils se calcifient progressivement et deviennent rigides. La longueur
moyennes des ptérygopodes varie entre 1,9 cm chez un mâle immature et 8,6 cm chez un
mâle mature (Fig. 46).

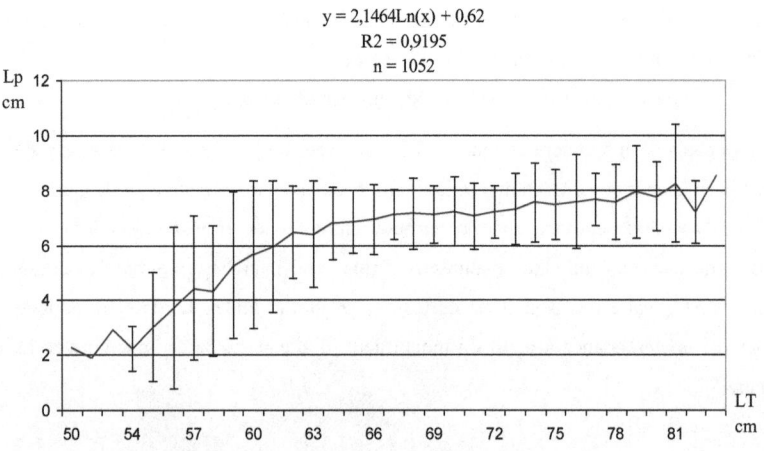

Fig. 46 - Relation longueur moyenne des ptérygopodes (Lp) - longueur totale des
mâles (barres verticales:intervalle de confiance, seuil de 95%)

avec y : Longueur des ptérygopodes (cm) et Ln: logarithme népérien.

2. 2. 3. La taille de première maturité sexuelle

Un mâle est considéré mature quand ses ptérygopodes sont rigides. La taille de première maturité sexuelle, celle à laquelle 50 % des individus sont matures, est de 67 cm (Fig. 47). A partir de 82 cm de longueur totale tous les mâles sont matures.

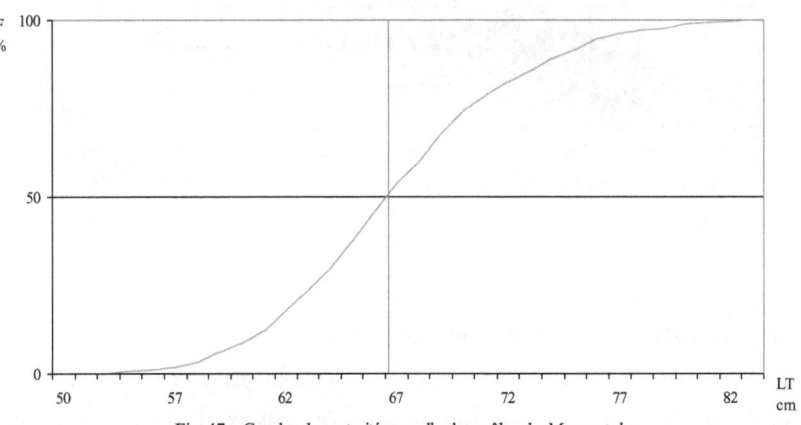

Fig. 47 - Courbe de maturité sexuelle des mâles de *M. mustelus*

2. 2. 4. Les variations du poids du foie

Chez les mâles de *M. mustelus*, le foie représente en général entre 0,8 et 12,4 % du poids des individus éviscérés. Le poids maximum observé est de 160 g chez un mâle de 1729 g de poids éviscéré (Fig. 48).

Le RHS varie dans un intervalle de 3,3 à 5,8 % du poids du poisson éviscéré; son évolution suit, dans les grandes lignes, celle du RGS (Fig. 11). Il indique une tendance à la chute entre décembre et juin avec des valeurs respectives de 5,3 et 3,3 %, suivie d'une reprise à partir de juillet.

Le poids du foie des mâles varie entre 8 g chez un poisson éviscéré de 557 g (578 g PT) et 160 g chez un autre de 1729 g (2022 g PT).

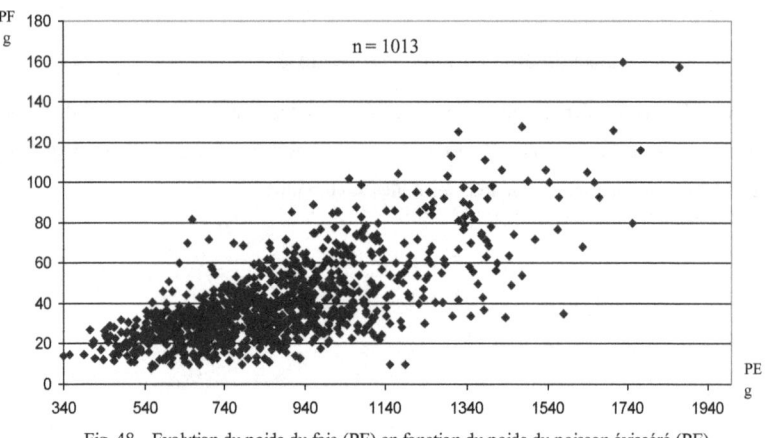

Fig. 48 - Evolution du poids du foie (PF) en fonction du poids du poisson éviscéré (PE)
chez les mâles

2. 3. Le cycle annuel chez la femelle

Chez les femelles de *M. mustelus*, l'ensemble du tractus génital présente au cours de l'année des modifications dont les plus remarquables concernent l'ovaire, la glande nidamentaire et l'utérus.

2. 3. 1. La vitellogenèse et l'ovulation

La vitellogenèse est continue durant toute l'année sauf durant la période de fécondation pendant laquelle les ovocytes vitellogéniques ne sont pas observés dans l'ovaire. Toutes les femelles qui ont atteint la maturité (y compris les femelles gestantes) sont capables de produire des ovocytes vitellogéniques.

Le nombre d'ovocytes de diamètres supérieur ou égal à 10 mm est maximum au même moment des deux années de collecte de données. Le pic se situe toujours en mai (Fig. 49). En juin, l'ovulation a lieu et le nombre d'ovocytes contenu dans l'ovaire est réduit de moitié. L'ovulation se poursuit en juillet et août; les ovocytes libérés dans la cavité générale migrent vers l'ostium.

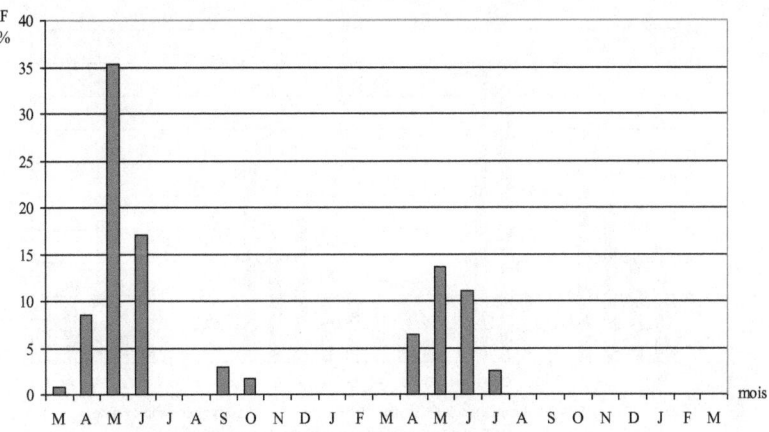

Fig. 49 - Evolution mensuelle des fréquences d'ovocytes de diamètres >=10mm dans les
ovaires (mars 00 à mars 02)

La vitellogenèse est continue et progressive: la taille moyenne des ovocytes augmente mensuellement de décembre à juin ou juillet. Entre mars et juin 2000, le diamètre moyen augmente et passe de 5 mm à 10,2 mm, mais le nombre d'ovocytes observé diminue fortement (Fig. 50). Cette diminution est due à l'ovulation. Durant les mois de juillet et août 2000, l'activité vitellogènique était arrêtée: les ovocytes en vitellogenèse n'ont pas été observés dans les ovaires. En septembre et octobre 2000, les valeurs moyennes élevées sont dues à la présence de rares ovocytes de grand diamètre qui n'ont pas été expulsés chez quelques femelles. A partir du mois de décembre suivant, les ovocytes augmentent à nouveau de volume sous l'effet de l'accumulation du vitellus qui va se poursuivre jusqu'à la fin de l'ovulation. En 2001, l'arrêt de l'activité vitellogénique a duré 3 mois, d'août à octobre.

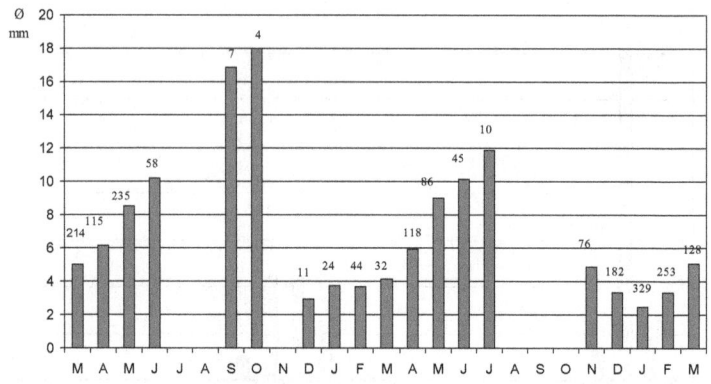

Fig. 50 - Evolution mensuelle du diamètre moyen des ovocytes avec indication de l'effectif d'ovocytes mesurés (mars 00 - mars 02)

2. 3. 2. Le Rapport Nido Somatique

Le rapport en pourcentage du poids des glandes nidamentaires sur le poids du poisson éviscéré (ou Rapport Nido Somatique) est un indice servant à étudier la reproduction des Elasmobranches; la glande joue en effet un grand rôle dans la reproduction. Il passe d'une valeur de 0,15 % en janvier à 0,45 % en juin et décroît ensuite jusqu'en octobre (0,16 %). Entre octobre et janvier, ses variations sont faibles (Fig. 51).

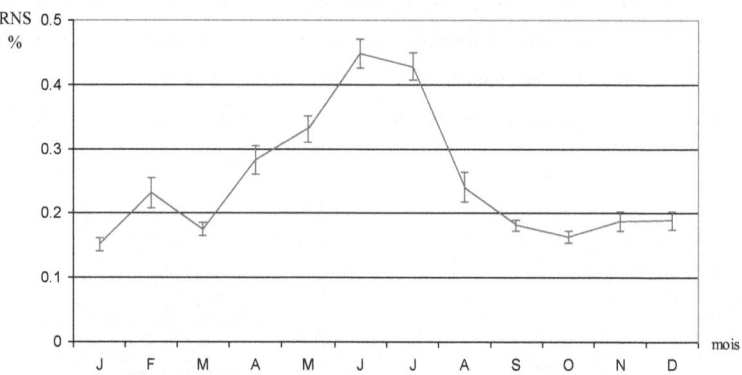

Fig. 51 - Evolution mensuelle du rapport nido somatique de *M. mustelus* (barres verticales: l'intervalle de confiance, seuil de 95 %)

2. 3. 3. La fécondation

Les ovocytes fécondés et encapsulés dans la glande nidamentaire descendent dans l'utérus; ils sont alors plus volumineux, ovales et riches en vitellus de couleur jaune vif. La capsule, de couleur brun ambré, forme des vrilles aux pôles de l'œuf qui peuvent atteindre 40 cm de long (Fig. 52). La capsule ne contient qu'un seul œuf; l'ensemble pèse en moyenne 5,3g.

En juillet 2000, des mesures de longueur et de hauteur de 56 œufs ont été réalisées au pied à coulisse (Tab. 16).

Tab. 16 – Longueur (L en mm) et hauteur (H en mm) des œufs observés dans les utérus de femelles en juillet

L	36	36	32	32	41	29	49	33	36	33	30	32	35	36
H	12	11	12	16	18	14	25	13	13	16	15	12	11	16

L	35	35	40	35	36	35	35	30	35	32	33	36	36	30
H	13	14	16	12	15	11	14	12	15	11	13	14	16	11

L	31	33	34	33	32	32	30	31	31	32	34	30	34	29
H	13	12	10	13	15	14	14	14	14	14	14	13	14	12

L	36	36	32	32	41	29	49	33	36	33	30	32	35	36
H	12	11	12	16	18	14	25	13	13	16	15	12	11	16

	L	H
Max	49	25
Moyenne	34	14
Min	29	10

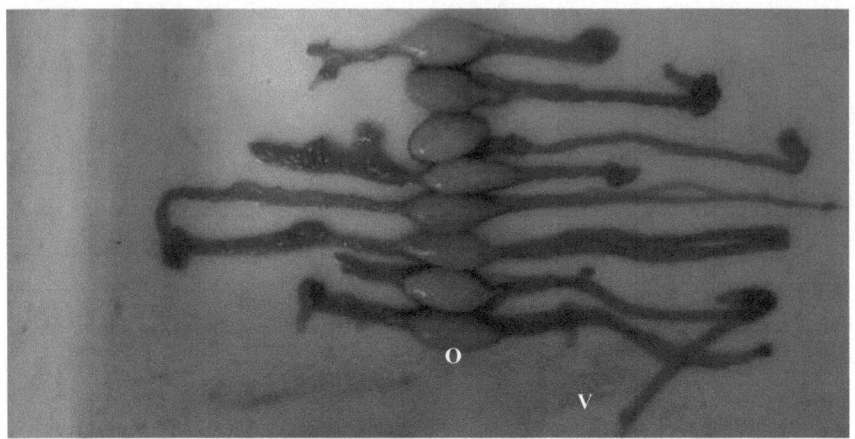

Fig. 52 – Les œufs encapsulés observés en juillet O: œufs, V: vrilles

Des femelles portant des œufs ont été observées durant toute l'année, mais ce n'est qu'en juillet-août que leur pourcentage devient élevé: respectivement 40,6 et 54,7 % du total des femelles examinées (Fig. 53). Durant le reste de l'année, la plus grande valeur observée est celle relevée en janvier (11,6 %).

En juillet et août, 73,5 % des femelles qui n'étaient pas fécondées n'avaient pas atteint la maturité sexuelle. Leurs utérus étaient difficilement visibles à l'œil nu.

Chez *M. mustelus*, certaines femelles peuvent porter simultanément des œufs encapsulés et des embryons dont l'organogenèse est achevée.

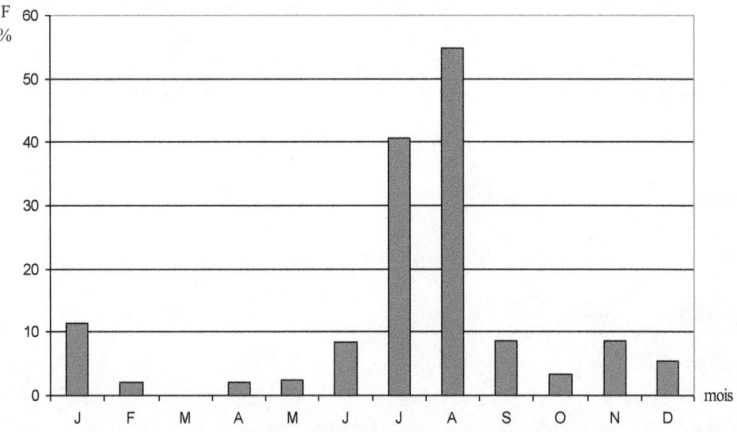

Fig. 53 - Evolution des fréquences mensuelles de femelles fécondées

2. 3. 4. La parturition

A partir de la fécondation, les embryons de stade 5 apparaissent dans les utérus en octobre pour la première fois (Fig. 53). Le pourcentage de femelles portant ces embryons tend à augmenter, durant les deux années d'étude, pour atteindre une valeur maximale en janvier: 63,6 % en janvier 2001 et 62,8 % en janvier 2002. A partir de février, une forte baisse annonce le début des parturitions: environ 40% des femelles ont mis bas à ce moment des 2 années d'étude (42,3% en février 2001 et 42,4% en février 2002). Entre mars et juin, environ 38 % des femelles continuent à mettre bas (Fig. 54).

Le 20 juin, les femelles porteuses d'embryons sont très rares: 1 femelle en 2000 et 2 en 2001.

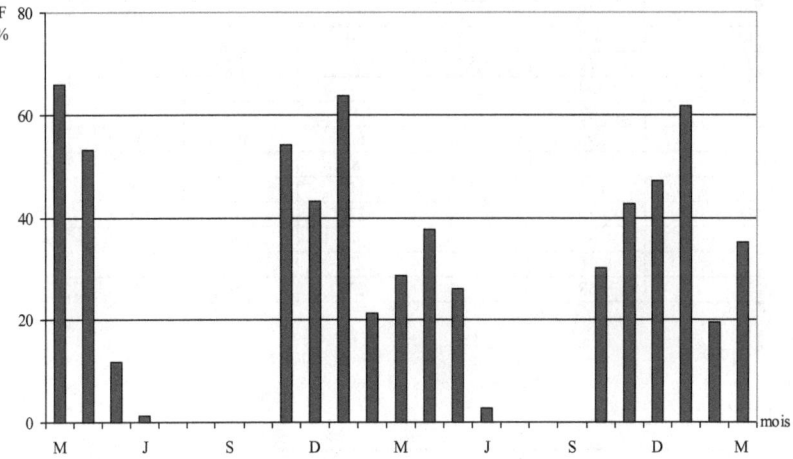

Fig. 54 - Evolution de la fréquence de femelles porteuses d'embryons en stade 5
de mars 00 à mars 02

Entre avril 1998 et mars 1999, un échantillonnage biologique portant sur la reproduction de l'émissole a été réalisé à Nouadhibou. En décembre 1998, 97,9 % des femelles portaient des embryons. En janvier, ce pourcentage n'est plus que de 72,4 %: 25,7 % des femelles ont mis bas en début du mois de janvier. Durant, le mois de février environ 54 % des femelles ont mis bas; seules 18,5 % portent encore des embryons (Fig. 55). En mars 1999, 12,5% portaient des embryons.

Au cours de cette étude, les femelles portant simultanément des embryons à terme et des œufs nouvellement fécondés représentent sur l'ensemble des femelles examinées 23,5 % en janvier, 17,2 % en mars, 4,2 % en avril et 4,8 % en mai (Tab. 17). Pour le reste de l'année, la présence simultanée d'embryons et d'œufs encapsulés pourrait être imputable à un retard de développement des oeufs.

Tab. 17 – Pourcentage de femelles gestantes entre avril 01 à mars 02

	Total femelles	Femelles avec œufs seuls	Femelles avec emb. seuls	Femelles avec œufs + emb.	%
A	48		17	2	4,2
M	42		10	2	4,8
J	71	5	1	2	2,8
J	64	26			
A	53	28	1	2	3,8
S	93	2	63	12	12,9
O	30		8	2	6,7
N	47	1	17	6	12,8
D	55		23	6	10,9
J	68		34	16	23,5
F	36		7		
M	58		27	10	17,2

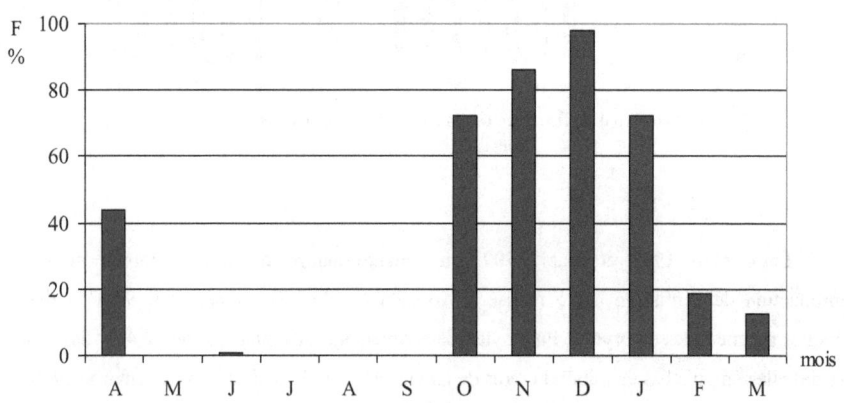

Fig. 55 - Evolution de la fréquence des femelles gestantes entre avril 98 et mars 99

2. 3. 5. La taille à la naissance

La taille à la naissance déduite des mesures d'embryons pendant la période de la mise bas est de 24 à 32 cm en Mauritanie; la moyenne est de 30 cm.

2. 3. 6. La durée de la gestation

Le pic des fécondations a lieu en juillet et août, les parturitions de février à juin: la durée de la gestation de *M. mustelus* en Mauritanie serait de 7 à 10 mois. Les femelles qui mettent bas les premières ont été fécondées en juillet et celles qui le font les dernières l'ont été en août.

2. 3. 7. L'évolution de la largeur des utérus en fonction de la taille

Grâce à leur élasticité, les utérus de *M. mustelus* peuvent recevoir plusieurs embryons à terme (maxi = 8 embryons/utérus). Sa largeur peut augmenter considérablement durant la gestation; elle diminue après la parturition. La largeur moyenne dépend de la taille des femelles. Pour des femelles d'une longueur inférieure à 56 cm, les utérus sont difficilement visibles à l'œil nu. Entre 56 et 58 cm, ils peuvent l'être, mais ils sont très étroits (environ 1 mm). Au-delà de 58 cm, la largeur augmente pour atteindre en moyenne 3,8 cm chez des femelles de 96 cm. La largeur maximale a été observée chez une femelle de 90 cm portant 4 embryons dans l'utérus droit et 5 dans le gauche; l'utérus gauche mesurait 9 cm de largeur (Fig. 56).

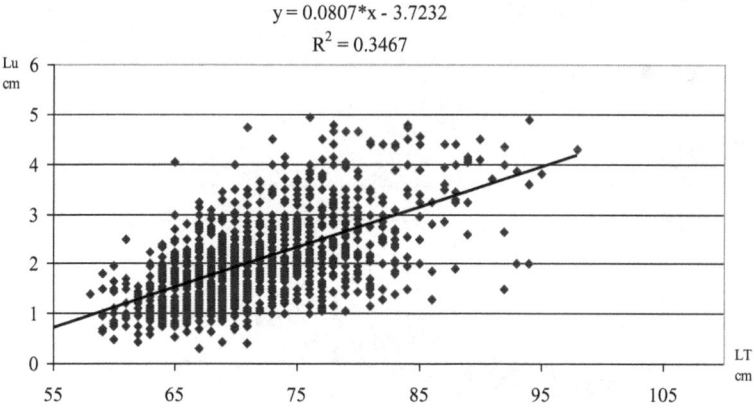

Fig. 56 - Relation de la largeur de l'utérus (Lu) - longueur totale des femelles (LT)

y: largeur de l'utérus; x: longueur totale des femelles

2. 3. 8. L'évolution du poids du foie

Chez les femelles, le poids du foie rapporté au poids individuel des poissons éviscérés varie de 0,65 % à 11,4 %. Le Rapport Hépato Somatique (RHS) fluctue dans un intervalle étroit (4 % et 6 %). Il chute entre octobre et avril de 6,0 % à 4,0 % et s'accroît ensuite jusqu'au mois d'octobre (Fig. 57).

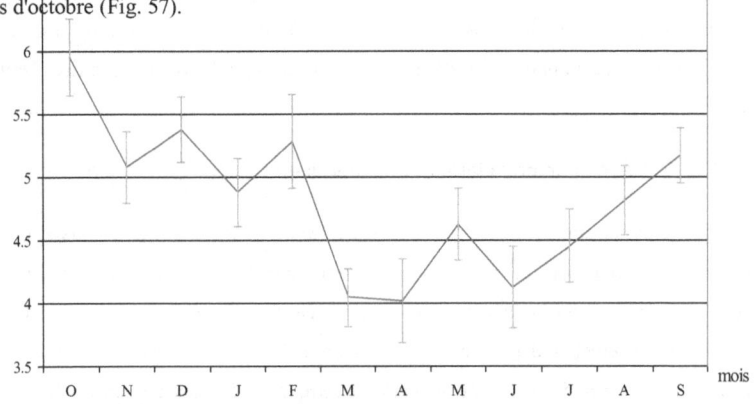

Fig. 57 - Evolution mensuelle du RHS chez les femelles d'octobre à septembre
(barres verticales:intervalle de confiance, seuil de 95%)

Chez l'émissole lisse, le poids du foie varie beaucoup en fonction de la longueur. Il pèse 6 g chez une femelle éviscérée de 238 g de poids (257g PT) et 214 g chez une femelle de 2749 g (3375 g PT) (Fig. 58).

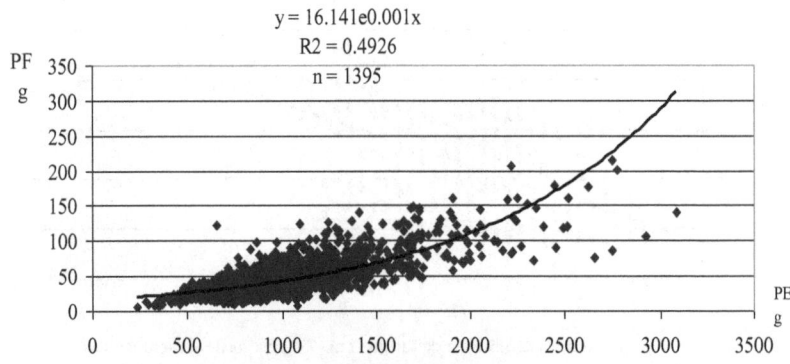

Fig. 58 - Variations du poids du foie (PF) en fonction du poids du poisson éviscéré
(PE) des femelles

2. 3. 9. La taille à la première maturité sexuelle

Les femelles ayant des ovocytes en vitellogenèse dans leurs ovaires ont été considérées comme matures. Les plus petites mesuraient 59 cm de longueur totale. A 67 cm de longueur totale, 25 % étaient matures, à 71 cm 50 % l'étaient. A 76 cm 75 % des femelles sont matures; à partir de 93 cm, elles le sont toutes (Fig. 59).

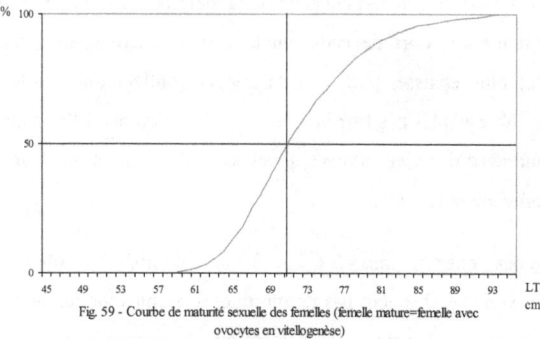

Fig. 59 - Courbe de maturité sexuelle des femelles (femelle mature=femelle avec ovocytes en vitellogenèse)

Si seules les femelles gestantes sont considérées comme matures, les résultats sont légèrement différents. La plus petite femelle gravide mesurait 59 cm de longueur totale. Entre 68 et 69 cm de longueur totale, 25 % des femelles étaient matures. La taille à la première maturité sexuelle est un peu supérieure (72 cm). A 77 cm, 75 % sont gestantes et à partir de 94 cm toutes les femelles le sont (Fig. 60).

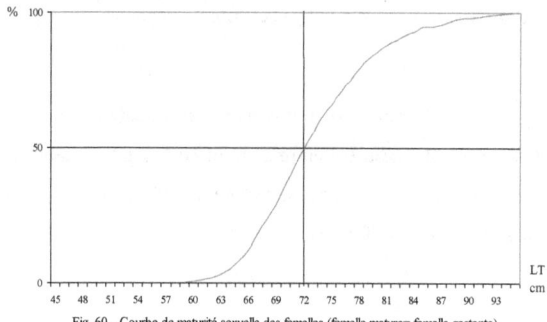

Fig. 60 - Courbe de maturité sexuelle des femelles (femelle mature= femelle gestante)

3. Le développement embryonnaire

3. 1. Description morphologique des embryons

Chez *M. mustelus*, les utérus sont compartimentés: chaque embryon se développe dans une chambre utérine. L'espèce est vivipare placentaire de type IV selon la classification de Otake (1990). L'embryon se développe d'abord en utilisant les réserves vitellines et reçoit ensuite les éléments nutritifs complémentaires de la mère qui passent par le placenta. D'après les observations faites au cours de cette étude la paroi utérine, au contact immédiat de l'embryon, devient plus épaisse, plus vascularisée et contient un liquide très dense. Ces modifications sont observables dès l'arrivée de l'œuf dans l'utérus. Elles sont d'abord limitées à la partie de l'utérus qui est en contact direct avec l'œuf, puis au cours de la gestation s'étendent à la totalité de la paroi.

L'organogenèse chez *M. mustelus* dure 3 mois, de août à octobre. A partir du mois d'octobre, les embryons ne changent pas de morphologie, mais grandissent. Dans les utérus, ils ont la tête dirigée vers l'avant. A la parturition, ils sortent la queue la première. Les capsules sont expulsées plus tard.

Chronologie du développement embryonnaire:

* En août, les premiers embryons apparaissent, protégés par leurs capsules dans les utérus. Nés des fécondations observées en juillet, ils sont âgés de un mois et mesurent environ 4 cm de longueur (Planche Va). Ils n'ont pas encore de nageoires.

* En septembre, les embryons sont issus des fécondations de juillet ou d'août; ils sont donc âgés de 1 à 2 mois. Ils mesurent entre 2 cm et 10 cm. Les nageoires, les branchies et les fentes branchiales sont formées. Les sexes ne sont pas toujours discernables car les ptérygopodes ne sont pas encore formés.

* En octobre, les embryons mesurent de 10,3 cm à 16,1 cm de longueur totale (moyenne: 13,5 cm). Le museau est plus pointu que celui d'un embryon à terme. Toutes les nageoires sont formées et commencent à se pigmenter, comme le corps. Certains embryons sont sortis de leurs capsules. Chez quelques individus, les premiers placentas apparaissent. L'identification des sexes est alors possible grâce à l'apparition des ptérygopodes à environ 12 cm de longueur (Planche Vb).

* En novembre, les embryons sont sortis de leur capsules. Ils mesurent entre 13,5 cm et 19 cm (moyenne:16,2 cm). Ils sont pigmentés et ont une morphologie identique à celle des adultes

Les réserves vitellines sont résorbées, mais elles sont encore visibles chez quelques embryons. Le reste de la vésicule vitelline se vascularise et se transforme en placenta chez la majorité des embryons (Planche Vc).

* En décembre, les embryons mesurent de 15 et 22,5 cm. Ils sont alors presque tous reliés à un placenta qui persistera jusqu'à leur naissance (Planche Vd). Les embryons les moins avancés ont encore des restes de vitellus.

Planche V – Evolution morphologiques des embryons de *M. mustelus* durant la période
d'étude

a) Jeune embryon âgé de 1 mois en août (stade 2)
Embryon extrait de sa capsule (capsule sous forme de filaments à côté)
- tête volumineuse
- yeux gros
- sac vitellin (sv) volumineux
- longueur totale 5 cm

b) Embryons âgés de 3 mois observés en octobre (Stade 3 – 4)
- la peau est pigmentée
- les ptérygopodes sont visibles chez certaines mâles
- longueur totale: 10,3 à 16,1 cm

c) Embryons âgés de 4 mois observés en novembre (Stade 4 – 5)
Les embryons sont une copie des adultes
- les embryons sont sortis de leur capsule
- formation du placenta (P) chez certains embryons
- longueur totale: 13,5 à 19,0 cm

d) Embryons âgés de 5 mois observés en décembre (Stade 4 – 5)
- présence de placenta chez la majorité des embryons
- longueur totale 15 à 22,5 cm

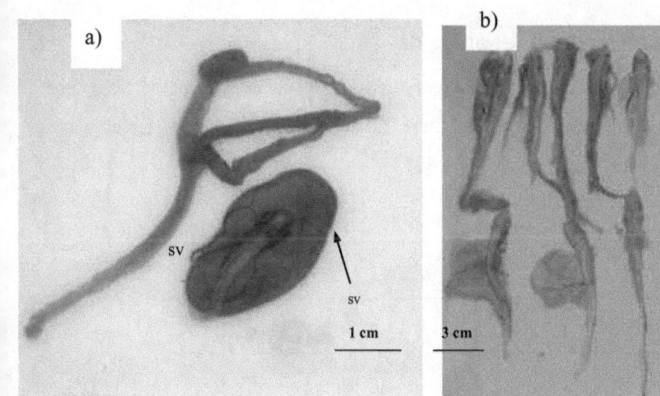

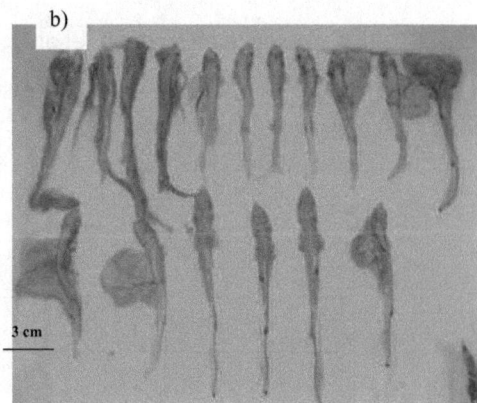

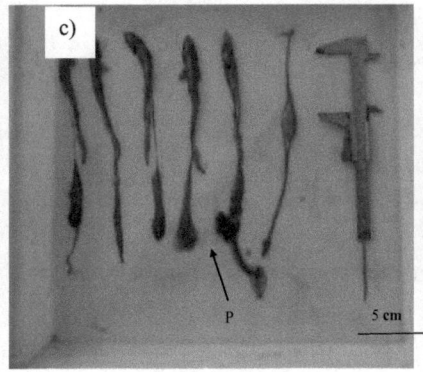

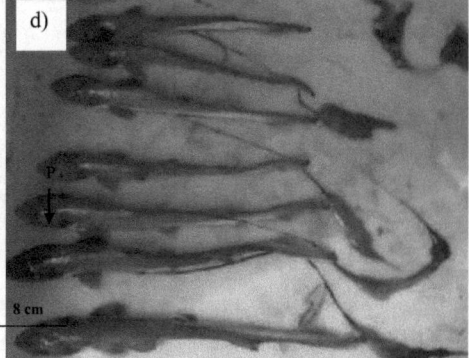

Planche V

3. 2. Croissance en longueur et en poids

Durant les deux années d'étude, 1124 embryons ont été mesurés et pesés (longueur totale et poids total). Les tailles relevées varient entre 2,2 cm (septembre 01) et 31,8 cm (mai 2001); la variabilité inter-annuelle est faible (Fig. 61).

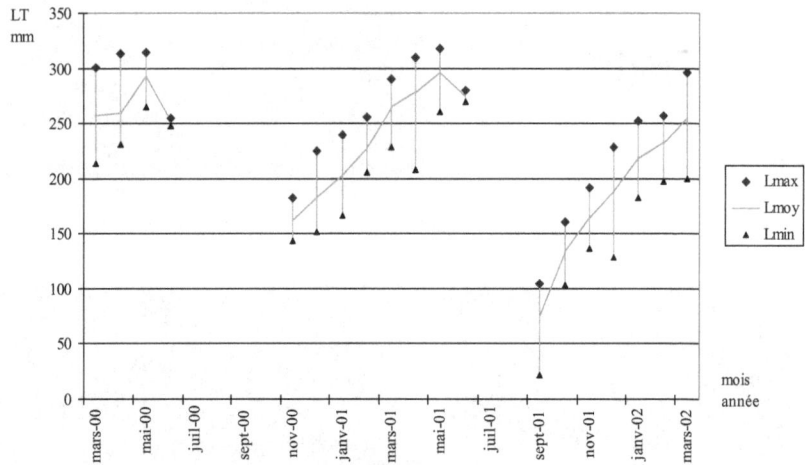

Fig. 61 - Evolution mensuelle des tailles moyennes, min et max des embryons

Les tailles des embryons relevées révèlent que leur croissance est homogène et varient dans des intervalles restreints au cours d'un mois (Fig. 63a et b). Une taille moyenne a été calculée. L'accroissement mensuel en longueur est continu entre septembre et mai (Fig. 62 - Tab. 18). La longueur moyenne varie de 3 cm en août à 26,3 cm en juin.

La croissance linéaire est maximale durant les premiers mois de la vie de l'embryon. L'accroissement en 2 mois est de 8,8 cm entre septembre et novembre (accroissement mensuel moyen: 4,4 cm). Les rares longueurs des individus mesurés en octobre variaient entre 5,5 et 13,7 cm. En décembre et janvier, les accroissements sont respectivement de 2,4 et 2,7 cm. La croissance est plus lente en février, premier mois de la parturition: l'accroissement est 1,5 cm. L'arrivée de jeunes embryons en mars, masque l'accroissement des plus âgés. Il reprend et se maintient à 2,4 cm en avril et 2,6 cm en mai (Fig. 63). Au cours du mois de juin, dernier mois de la mise bas, les embryons mesurés étaient de taille inférieure à ceux de mai (entre 248 et 280 cm); les plus grands ont été expulsés.

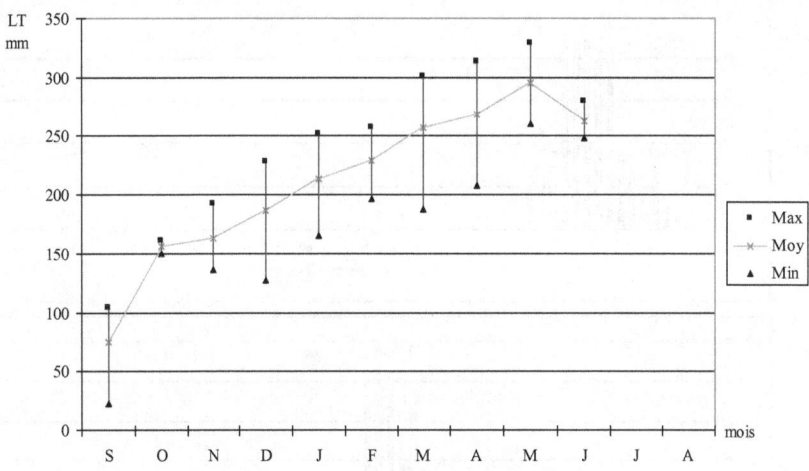

Fig. 62 - Evolution des tailles moyennes, minmales et maximales des embryons
au cours d'une année

Tab. 18 – Evolution mensuelle de la longueur totale moyenne et de l'accroissement des embryons de août à juin

Mois	Longueur moyenne (cm)	Accroiss. mensuel (cm)	Effectif
Août	3		1
Septembre	7,5	4,5	169
Octobre	13,5	6,0	9
Novembre	16,3	2,8	123
Décembre	18,7	2,4	158
Janvier	21,4	2,7	233
Février	22,9	1,5	51
Mars	24,4	1,5	233
Avril	26,9	2,4	98
Mai	29,5	2,6	41
Juin	26,3		8

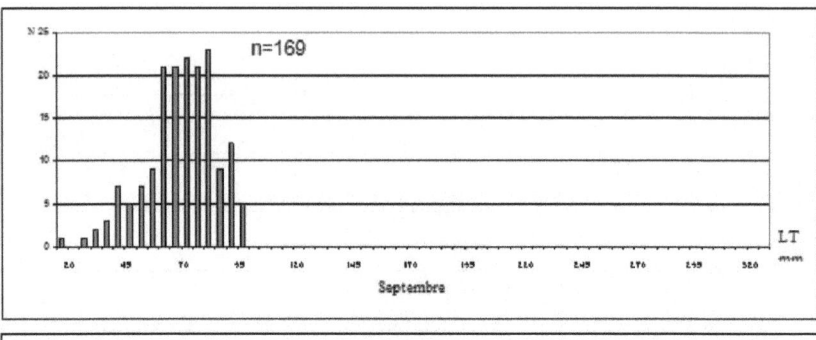

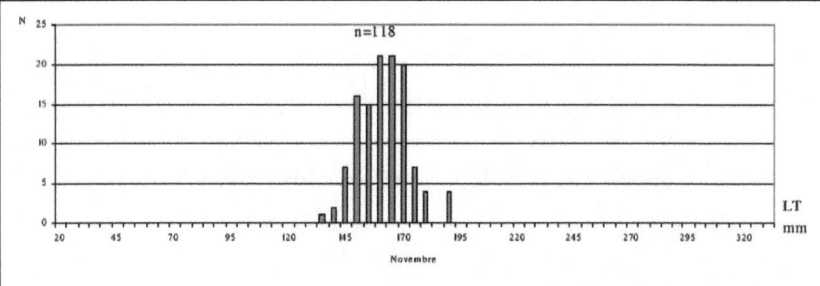

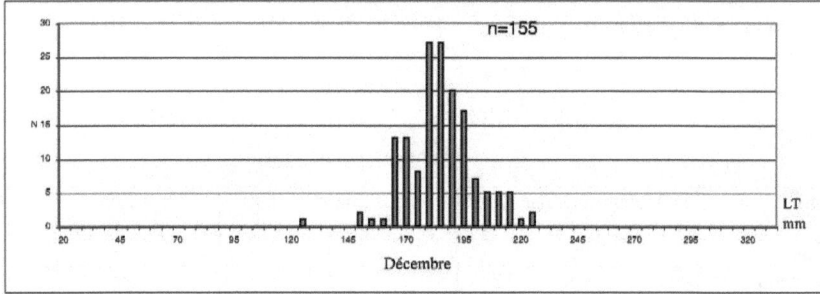

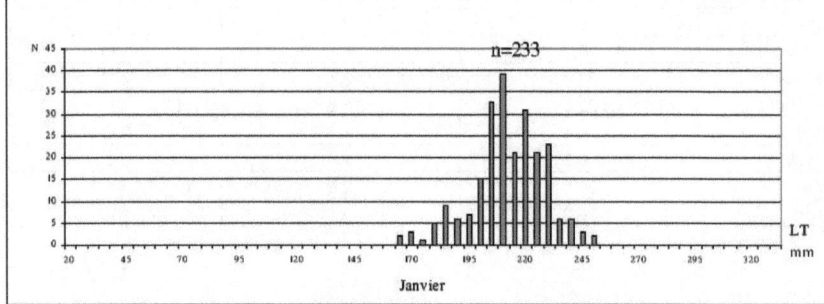

Fig. 63 a – Distribution de tailles des embryons de *M. mustelus*, de septembre à janvier
N: nombre d'individus par taille; n: nombre total d'individus par mois

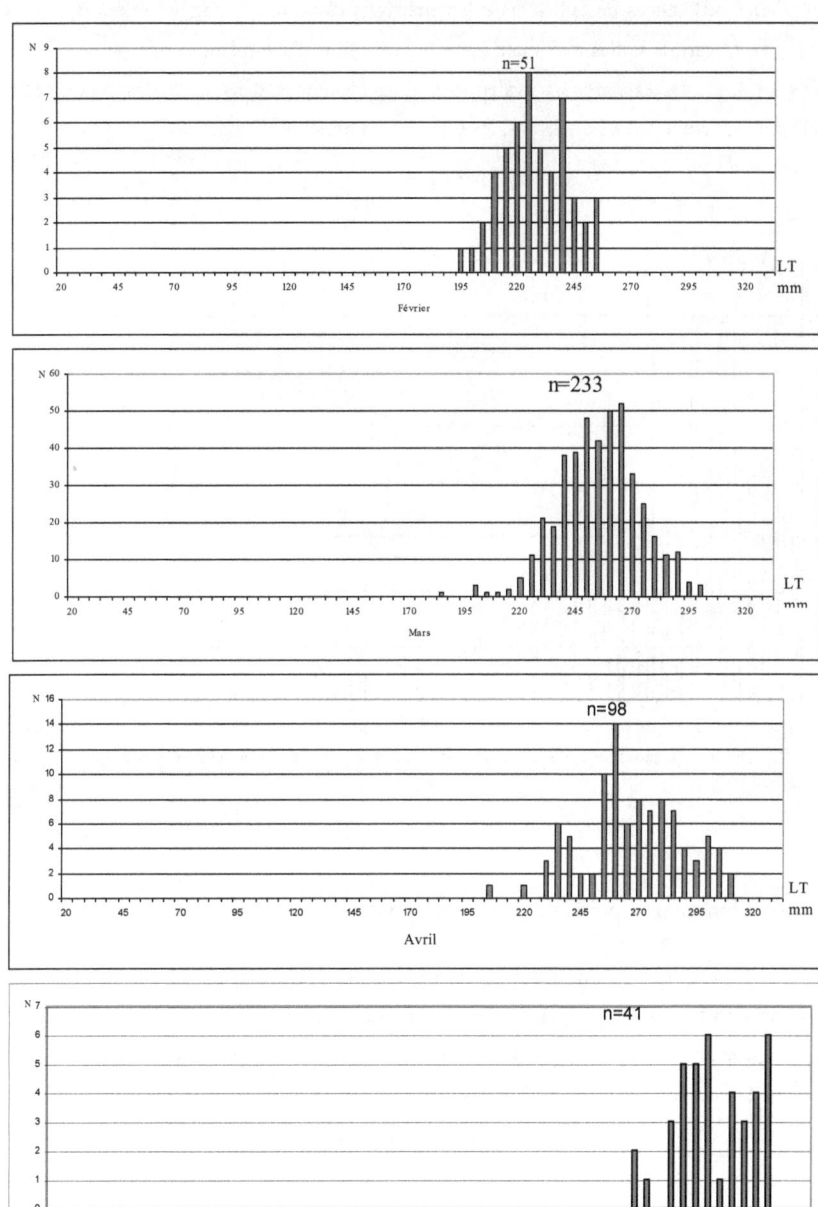

Fig. 63 b – Distribution de tailles des embryons de *M. mustelus*, de février à mai

Des différences de tailles entre les embryons d'une même portée ont été observées (Fig. 64). L'écart de tailles maximum entre les embryons d'une même portée est de 5,3 cm. Dans 3 % des cas, les embryons avaient des tailles identiques, dans 7,5 % des cas les écarts étaient de 1,0 cm. Dans 88 % des cas, les écarts sont inférieurs à 2 cm.

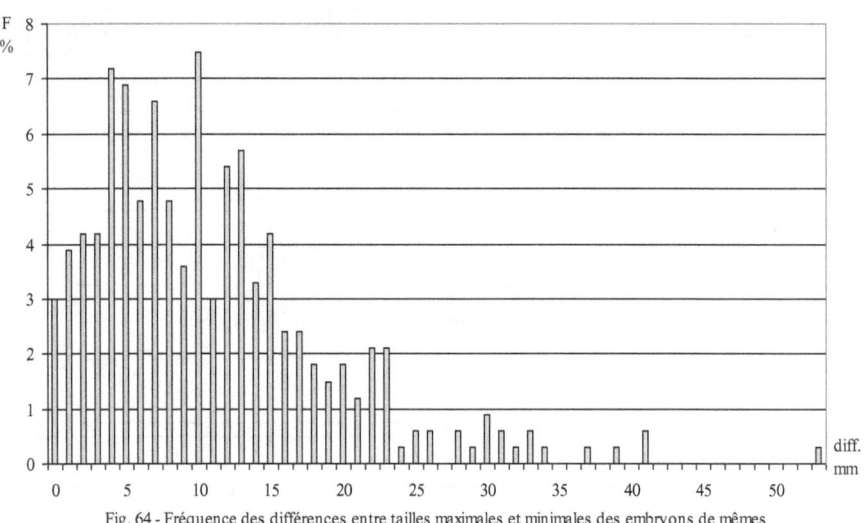

Fig. 64 - Fréquence des différences entre tailles maximales et minimales des embryons de mêmes portées

Relation longueur – poids total des embryons

La croissance en poids des embryons est légèrement plus lente que celle de leur croissance en longueur, b = 2,92 (relation légèrement minorante; Fig. 65). Les embryons ont été pesés avec leur vésicule vitelline. Les plus gros individus pesaient 99 grammes. La relation de cette croissance est de la forme:

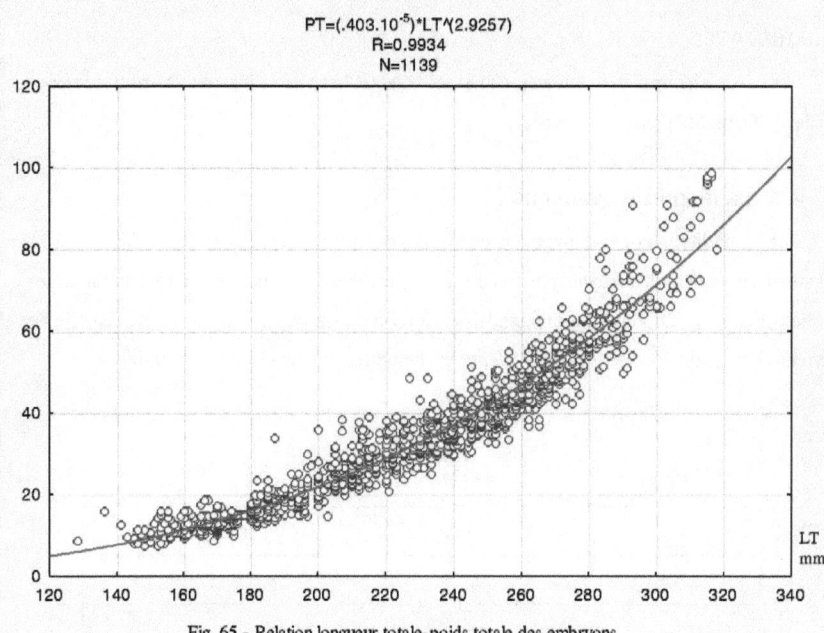

Fig. 65 - Relation longueur totale-poids totale des embryons

PT: Poids total des embryons (en grammes); LT: Longueur totale des embryons (mm)

Les embryons utilisés dans cette relation sont de stade 5, de tailles comprises entre 140 et 318 mm.

4. La fécondité

Dans ce chapitre, les données d'une collecte réalisée en 1998 ont été utilisées pour calculer la fécondité utérine de l'espèce.

4. 1. La fécondité ovarienne

La fécondité ovarienne (ovocytes en vitellogenèse) de l'espèce est très variable: 1 à 15 ovocytes (moyenne 4,9 ovocytes par femelle); elle est très faiblement corrélée à la taille des femelles (Fig. 66). La fécondité maximale de 15 ovocytes a été relevée chez une femelle de 71 cm en février 2002; ses ovocytes avaient des diamètres compris entre 4 et 10 mm.

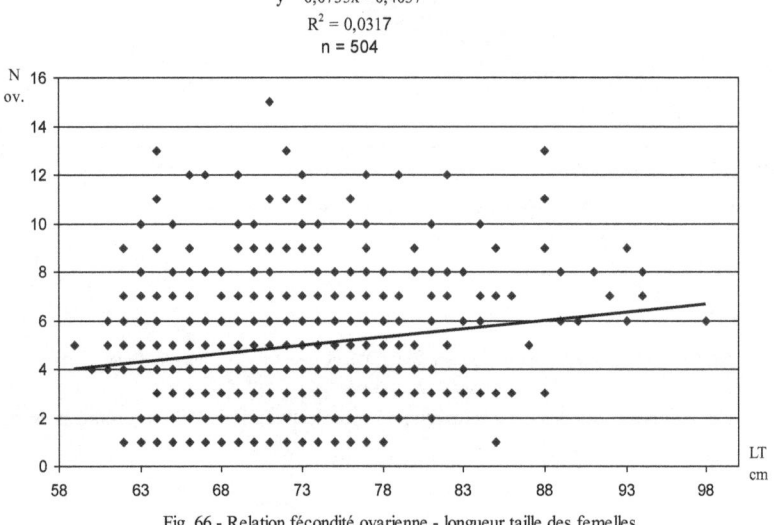

$$y = 0,0735x - 0,4037$$
$$R^2 = 0,0317$$
$$n = 504$$

Fig. 66 - Relation fécondité ovarienne - longueur taille des femelles

N ov.: effectif des ovocytes vitellogèniques

4. 2. La fécondité utérine

La fécondité utérine varie de 1 à 13 embryons, le maximum ayant été observé chez une femelle de 1 m de longueur totale (4,3 kg) capturée en décembre 1998.

Les femelles portant 3 embryons sont les plus fréquentes: elles représentent 28,9 % de femelles gestantes examinées (241 observations) (Fig. 67). Celles portant 4 embryons le sont un peu moins avec une fréquence de 21,5 % (179 observations), viennent ensuite les femelles à 2 embryons avec une fréquence de 18,6 % (155 observations) et celles à 5 embryons avec 11,6% (Fig. 67). Les femelles qui portaient 6, 7 et 8 embryons ne le sont qu'en de faibles proportions: respectivement 4,3 %, 2,5 % et 2,4 % des femelles ayant des embryons dans leurs utérus. Les femelles qui avaient des portées de 9 embryons n'ont été observées que 9 fois, celles à 10, 12 et 13 embryons que 4, 2 et 1 fois.

La fécondité moyenne est de 3,58 embryons par femelle (écart-type: 3,2). D'après le test de comparaison de deux grands échantillons indépendants, la fécondité ovarienne est significativement supérieure à la fécondité utérine (Zc=9,5)

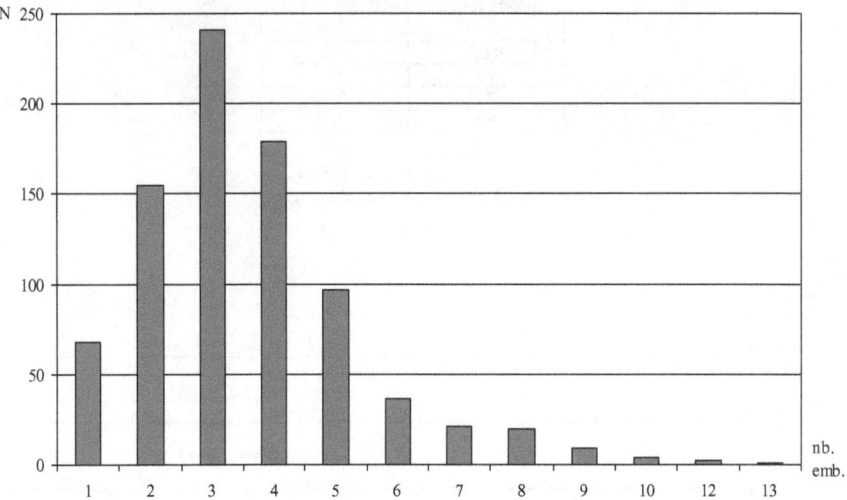

Fig. 67 - Effectifs de femelles gestantes et nombre d'embryons par portée de femelle

N: nombre de femelles ayant un nombre de fœtus

La fécondité n'est pas la même dans les 2 utérus: celle de l'utérus gauche est supérieure à celle du droit (Zc=3,27, p>0,01) (Tab. 19).

Tab. 19 – Moyennes et variances des fécondités par utérus de *M. mustelus*

	Moyenne	Variance	Nb. femelles (n)
Utérus Droit	1,694	0,865	415
Utérus Gauche	1,906	0,887	415

La fécondité moyenne croît avec la taille des femelles: elle passe de 2,3 embryons pour les femelles de taille inférieure ou égale à 65 cm à 7,5 embryons chez celles dont la taille est supérieure à 90 cm (Tab. 20). La fécondité individuelle est positivement corrélée avec la longueur totale des femelles (Fig. 68).

Tab. 20 – Variation de la fécondité
moyenne par classes de tailles

Classes LT	Féc. Moy.
< 65	2,3
70	2,6
75	3,1
80	3,9
85	4,6
90	6,9
> 90	7,5

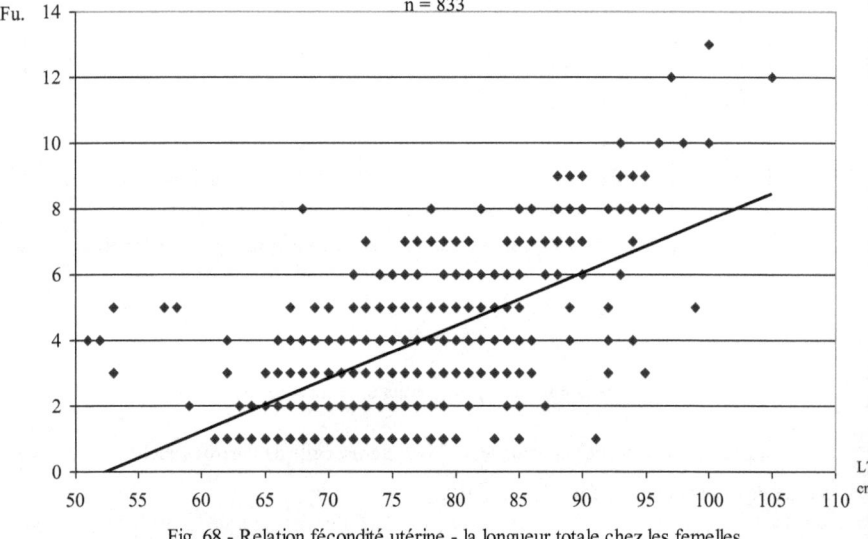

$$y = 0.161x - 8.484$$
$$R2 = 0.4253$$
$$n = 833$$

Fig. 68 - Relation fécondité utérine - la longueur totale chez les femelles

Fu: fécondité utérine, LT: longueur totale des femelles

5. La saisonnalité de la reproduction

En Mauritanie, la reproduction de *M. mustelus* est cyclique et annuelle (Fig. 69). Elle peut être divisée en 5 étapes saisonnières:

1. L'accouplement

Entre janvier et mai, le RGS des mâles chute et passe de 2,2 à 0,2 %; les mâles s'accouplent avec les femelles même si elles sont gestantes. Les spermatozoïdes sont alors stockés dans les glandes nidamentaires jusqu'à la période de fécondation.

2. L'ovulation

Le nombre d'ovocytes de grande taille (diamètre supérieur ou égal à 1 cm) atteint un maximum en mai dans les ovaires des femelles. Ils sont émis entre juin et août, surtout juin-juillet.

3. La fécondation

Les femelles portant des œufs fécondés sont observées durant toute l'année mais ce n'est qu'en juillet et août que leur nombre devient important atteignant un pic (période de fécondation).

4. La gestation

La durée de la gestation est de 7 à 10 mois.

5. La parturition

Entre février et juin, les femelles mettent bas.

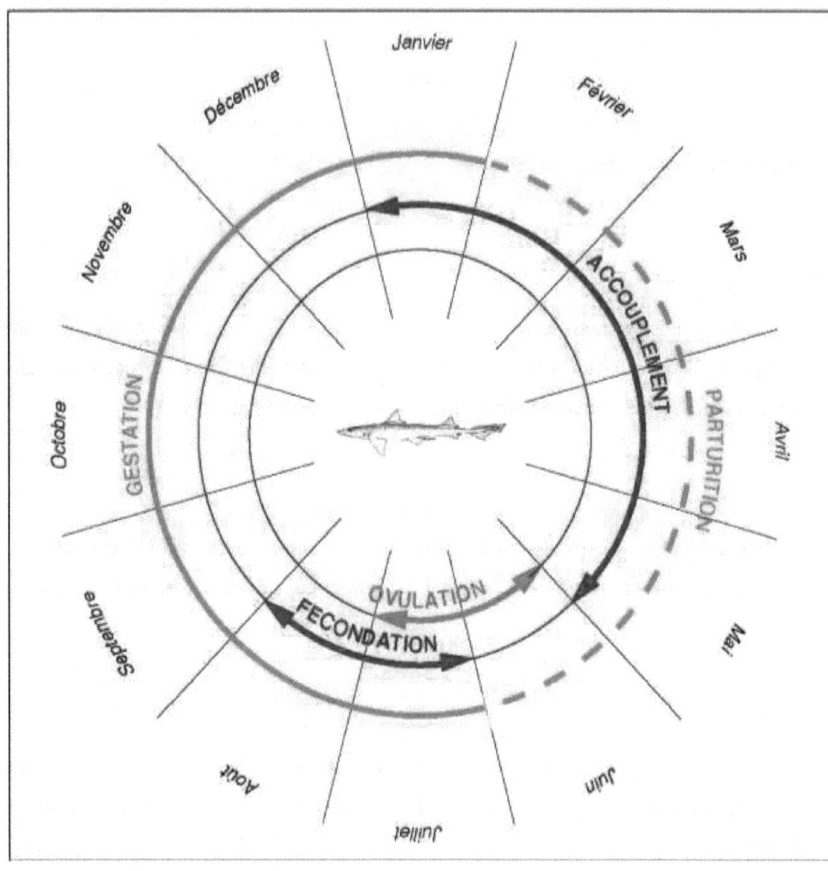

Fig. 69 - Cycle de reproduction de *M. mustelus* en Mauritanie

6. Discussion

Au cours de cette étude basée sur un échantillonnage des captures de la pêche artisanale, le sex ratio observé était en général en faveur des femelles (1,4); il varie dans le temps de 0,7 en février à 3,2 en septembre. Ces variations sont dues aux distributions différentes des mâles et des femelles sur le plateau continental. Les femelles ont une distribution plus côtière que les mâles. Pendant la période d'accouplement, qui est aussi celle de la parturition pour certaines femelles et la gestation pour d'autres, de janvier à mai, les mâles matures se rapprochent de la côte, le sex ratio devient équilibré (1,02). En juin, les mâles quittent la zone côtière: le sex ratio est alors en faveur des femelles.

L'abondance relative des femelles par rapport aux mâles pourrait aussi être due à une mortalité différentielle des individus: les femelles vivraient plus longtemps que les mâles. C'est le cas de l'émissole étoilée *Mustelus monazo* en Chine (Tanaka et Mizue, 1979) et au Japon (Yamaguchi *et al.*, 1996), de l'émissole grise *M. californicus* et de l'émissole brune *M. henlei* en Californie (Yudin et Cailliet, 1990) et du requin gris *Carcharhinus plumbeus* en Atlantique Nord Ouest (Casey *et al.*, 1985; Jensen *et al.*, 2002).

Chez les femelles de *M. mustelus*, l'hypoplasie ne concerne que l'ovaire. Elles n'ont qu'un ovaire, le droit et des paires également développées de trompes, de glandes nidamentaires, d'isthmes et d'utérus. Ce type d'hypoplasie est assez répandu chez les Elasmobranches. Ainsi, Pratt (1979), Yano (1993) et Teshima *et al.* (1995) l'ont rapporté chez les femelles de requin bleu *Prionace glauca*, du requin chat golloum *Gollum attenuatus*, du requin nourrice fauve *Nebrius concolor*; Peres et Vooren (1991) et Hazin *et al.* (2000) l'ont aussi noté chez le requin cagnot *Galeorhinus galeus* et le requin de nuit *Carcharhinus signatus*. En revanche, chez la raie ronde *Urolophus sp* et la raie *Dasyatis sp*, seul l'ovaire gauche est développé (Babel, 1967), observation confirmée par Edwards (1980) chez la raie ronde *Urolophus paucimaculatus*. Chez d'autres espèces d'Elasmobranches, les deux ovaires peuvent être présents et fonctionnels: Wenbin et Shuyuan (1993) et Lessa (1982) les ont signalé chez les deux raies guitares *Rhinobatos hynnicephalus* et *Rhinobatos horkelii*. Girard (2000) les a aussi notés chez le squale-chagrin de l'Atlantique *Centrophorus squamosus* et le requin pailona commun *Centroscymnus coelolepis*, Natanson et Cailliet (1986) chez l'ange de mer du Pacifique *Squatina californica*, Capapé *et al.* (1999) chez la centrine commune *Oxynotus centrina* et Teshima *et al.* (1978) chez le requin épée *Scoliodon laticaudus*.

Plusieurs auteurs ont déterminé la période d'accouplement d'Elasmobranches à partir du rapport gonado somatique des mâles (Parsons, 1982; Snelson *et al.*, 1989; Tanaka et al., 1990; Abdel-Aziz, 1994). Or, il a été démontré que même s'il est admis que l'évolution de la taille des testicules (et donc du RGS) est souvent corrélée à l'accouplement, il a été démontré chez d'autres le pic du développement testiculaire ne coïncide pas nécessairement avec le pic de l'accouplement (Teshima, 1981; Parsons et Grier, 1992, Maruska *et al.*, 1996). Ainsi, chez *M. mustelus*, en prenant en compte ces considérations et en nous basant sur 1) la présence de spermatozoïdes dans les spermatocystes des testicules en février et mars, 2) sur l'observation de spermatozoïdes dans les glandes nidamentaires de toutes les femelles analysées pour cette même période, dont certaines prouvent une insémination récente 3) le rapprochement côtier des mâles durant la saison froide et 4) la chute du Rapport Gonado Somatique, il a été jugé vraisemblable que la baisse du RGS coïncide avec l'accouplement, de janvier à mai.

Le poids des glandes nidamentaires croît au cours du premier semestre de l'année: le Rapport Nido Somatique passe de 0,15 % en janvier à 0,45 % en juin. Chez les Elasmobranches, ces glandes participent à la formation des capsules (Hamlett et Koob, 1999), mais sont aussi le site de la fécondation. La durée de stockage de spermatozoïdes dans les glandes pourrait varier de 2 à 6 mois chez l'émissole en Mauritanie, l'accouplement ayant lieu entre janvier et mai et la fécondation entre juillet-août. Le long des côtes italiennes, les fécondations ont lieu en juin-juillet (Ranzi, 1934; Lo Bianco, 1909), en Tunisie en mai (Capapé, 1974) et en Afrique du sud entre octobre et janvier (Smale et Compagno, 1997).

La fréquence des femelles gestantes croît de juillet (40,6 %), période de fécondation, jusqu'au mois de janvier (63 %) où les femelles portent des embryons à terme (stade 5); à partir de février, elle diminue: 42 % des femelles ont mis bas. Ces données sont confirmées par les données collectées en 1998 sur la reproduction de la même espèce même si la parturition a débuté plus tôt probablement pour des raisons environnementales, en janvier (Fig. 55). La parturition se poursuit jusqu'au mois de juin, les rares dernières femelles mettent bas: la parturition de l'espèce dure donc en Mauritanie 4-5 mois. Cette durée est comparable à celle de 3 mois relevée en Afrique du sud (Smale et Compagno, 1997), mais elle diffère de celle de 2 mois en Tunisie (Capapé, 1974) et en Italie (Lo Bianco, 1909). Ces variations pourraient être dues à des facteurs environnementaux notamment la température qui joue un rôle déterminant dans la reproduction des poissons (Mellinger, 1989). Il faut noter que la durée de 2 mois observée au Sénégal par Cadenat (1950) ne nous paraît pas plausible; les facteurs de milieu sont en effet semblables dans les deux pays.

La zone de mise bas des émissoles lisses en Mauritanie se situerait dans la Baie du Lévrier.

L'approche de l'estimation de la taille à la naissance basée sur la taille minimale de capture des juvéniles, adoptée par plusieurs auteurs, nous paraît approximative et moins précise que le suivi des tailles des embryons. En effet, il est fort probable que le temps écoulé entre la naissance et la date de capture des juvéniles ne soit pas négligeable. C'est pourquoi, toutes les tailles signalées par ces auteurs sont supérieures à celles observées en Mauritanie même si la différence est parfois faible. Ainsi, Lo Bianco (1909) et Capape (1983) ont rapporté des tailles de 28 -30 cm en Italie et 28-32 cm en Tunisie; elles sont de 24 à 32 cm en Mauritanie. Smale et Compagno (1997) et Cadenat (1950) ont relevé des tailles plus élevées en Afrique du sud et au Sénégal: 42,2-42,5 cm et 40-45 cm. Les tailles des femelles pourraient être à l'origine de différences entre les tailles des jeunes à la naissance. En effet, les femelles échantillonnées en Mauritanie dépassent rarement 100 cm alors qu'en Afrique du sud, elles peuvent atteindre 165 cm (Smale et Compagno, 1997) et en Méditerranée (Tunisie et France), elles atteignent de 156 cm et 142 cm (Quignard et Capapé, 1972; Capapé, 1974).

Si les premières femelles qui mettent bas en février ont été fécondées en juillet et celles qui le font en juin l'ont été août, la durée de la gestation de *M. mustelus* en Mauritanie serait de 7 à 10 mois, durée proche de celles rapportées par d'autres auteurs. D'après Ranzi (1934) et Tortonese (1956), la gestation de l'espèce durerait 10-11 mois et 8 mois en Italie. Elle est de 9–11 mois en Afrique du Sud (Smale et Compagno, 1997). D'après Capapé (1974), elle est de 12 mois en Tunisie, durée de gestation la plus longue rapportée par des auteurs.

Pendant la durée de cette étude, le rapport hépato somatique des femelles et des mâles a varié dans des proportions semblables: 0,65 % à 11,4 % du poids éviscéré des femelles et de 0,8 à 12,4 % chez les mâles. Ces variations seraient dues au rôle du foie chez l'espèce qui pourrait être le stockage des réserves mobilisables pour la gamétogenèse et l'alimentation des embryons (Ranzi, 1934; Mellinger, 1973; Capapé et Quignard, 1980; Rossouw, 1987 et Peres et Vooren, 1991) ou hydrostatique dans le déplacement dans la colonne d'eau (Baldridge, 1970 et 1972). *M. mustelus* est une espèce benthique, généralement distribuée dans la frange côtière de profondeurs inférieures à 35 m, qui se déplace le plus souvent sur le fond à la recherche de nourriture; ses déplacements, qui sont surtout horizontaux, sont limités et le rôle énergétique pourrait prévaloir sur le rôle hydrostatique. Les variations du rapport hépato somatique seraient liées à la reproduction.

D'après le suivi du degré de calcification des ptérygopodes, la taille à la première maturité sexuelle des mâles est de 67 cm (LT). Chez les femelles, d'après les deux critères retenus, vitellogenèse et gestation, elle est de 71 ou 72 cm. Les travaux sur la maturité sexuelle de l'espèce sont rares et ne sont basés que sur des observations ponctuelles et non sur un échantillonnage continu comme celui de cette étude. Smale et Compagno (1997) ont établi des tailles de première maturité variant de 95 à 130 cm pour les mâles et de 125 à 140 cm pour les femelles; pour Capapé (1974) le plus jeune mâle mature et la plus jeune femelle portant des œufs mesuraient respectivement 96 cm et 108 cm.

Les fécondités ovarienne et utérine sont respectivement de 1 à 15 ovocytes (moyenne: 4,9 par ovaire) et de 1 à 13 embryons (moyenne = 3,58 par portée). La fécondité ovarienne est supérieure à la fécondité utérine. La baisse de la fécondité utérine par rapport à la fécondité ovarienne serait selon Te Winkel (1950) et Francis et Mace (1980) due à des dégénérescences d'œufs dans les utérus notées chez *Mustelus canis* et *M. lenticulatus*. Cette dégénérescence serait à l'origine de la disparition d'œufs fécondés signalés en même temps que les embryons à terme (Tab. 17).

La fécondité maximale de 13 embryons notée ici est proche de celle de 15, relevée par FAO (1981). La fécondité varie de 2 à 28 embryons en Afrique du Sud (Smale et Compagno, 1997), de 12 à 22 embryons en Tunisie (Capapé, 1974) et de 20 à 28 en Italie (Lo Bianco, 1909). De Maddalena (2001) a observé une portée de 17 embryons chez une femelle de 165 cm.

Chez l'émissole lisse, comme chez la majorité des raies et requins, la fécondité utérine croît avec la taille des femelles (Joung et Chen, 1995; Smale et Compagno, 1997; Pratt et Casey, 1990). La faible valeur du R^2 voudrait dire que la taille ne permet pas de prédire la fécondité (Conrath et Musick, 2002).

Les principaux traits de la reproduction de l'émissole lisse ont été comparés avec ceux d'autres espèces du genre *Mustelus* (Tab. 21). La taille de maturité sexuelle varie de 62 cm chez l'émissole étoilée *M. monazo* à 130 cm chez l'émissole gommée *M. antarcticus*. La durée de gestation va d'un minimum de 7 mois chez *M. mustelus* à 13 mois chez *M. mediterreaneus*. La fécondité maximale observée est de 31 embryons chez *M. antarcticus*. Les tailles à la naissance varient de 24 cm chez *M. mustelus* à 40 cm chez *M. canis*. *M. monazo* est l'espèce la plus proche de l'émissole lisse aussi bien en taille de première maturité qu'en durée de gestation, fécondité et taille à la naissance.

Chez l'émissole lisse, l'utérus se compartimente en autant de loges que d'œufs puis d'embryons. Au début de son développement, l'embryon se nourrit des réserves vitellines qui se résorbent au fur et à mesure de sa croissance. Il sort de sa capsule et le placenta remplace le sac vitellin 3 à 4 mois après la fécondation. Le sexe est identifiable à partir d'une taille de 12 cm, au mois d'octobre, avec l'apparition des ptérygopodes; le placenta se forme à la taille de 16,2 cm et 15,5 cm selon Lo Bianco (1909). Selon Te Winkel (1950, 1963), le développement embryonnaire de *M. canis* durant les 3 premiers mois est assuré par les réserves vitellines. A la fin du 3e et au début du 4e mois, s'établit alors relation placentaire avec la mère. Le processus de formation du placenta a été décrit par Mahadevan (1940), Wood-Mason et Alcook (1891) et Wourms (1977).

Tab. 21 - Paramètres de reproduction des espèces du genre *Mustelus* (les tailles sont en cm)

Espèce	Taille 1e mat.		Durée de gest. (mois)	Fécondité	Taille à la naissance	Régions (ou pays)
	M	F				
M. mustelus[1]	67	72	7-10	1-13	24-32	Mauritanie
M. antarcticus[2]	93	120-130	11-12	1-31	30-36	Australie
M. canis[3]	85	102	11	3-17	30-40	Nord Atlantique USA
M. griseus[4]	70-75	68-76	10	5-16	30	Japon
M. lenticulatus[5]	82-85	85-95	11	> 24	30-32	Nouvelle Zélande
M. lenticulatus[6]	89	106	9-12	6-24		Nouvelle Zélande
M. monazo[7]	60-65	63-70	10	1-8	30	Japon
M. monazo[8]	68.7	70.1	11-12	2-13	20-30	Japon
M. monazo[9]	M et F=62-70		10	1-22		Japon
M. mediterraneus[10]	90	100	11-13	16,8		Tunisie

[1]Cette étude; [2]Lenanton *et al.* (1990); [3]Conrath et Musick (2002); [4]Teshima (1981); [5]Francis et Mace (1980); [6]Massey et Francis (1989); [7]Teshima (1981); [8]Yamaguchi *et al.* (1997); [9]Taniuchi *et al.* (1983) et [10]Capape et Quignard (1977).

Le cycle des Elasmobranches peut être saisonnier ou non. Sa saisonnalité est bien marquée chez *M. mustelus*; il dure 12 mois en Mauritanie et en Afrique du Sud (Smale et Compagno, 1997). L'influence des facteurs environnementaux tel que la température pourrait jouer un rôle prépondérant dans l'accouplement et la parturition qui ont lieu dès le début du refroidissement des eaux et l'ovulation qui a lieu dès le début du réchauffement. Cette périodicité des différents événements de la reproduction (accouplement, ovulation, fécondation, parturition...) a été observée par Peres et Vooren (1991) chez le requin cagnot, par Joung et Chen (1995) chez le requin gris et par Simpfendorfer et Unsworth (1998) chez l'émissole moustache *Furgaleus macki*. Par contre, chez d'autres le cycle n'est pas saisonnier: c'est le cas chez les *Rajidae* (Du Buit, 1974) et chez le requin pailona commun (Girard, 2000).

VII. La croissance

1. La structure par tailles des échantillons

Une analyse de la structure en tailles des individus échantillonnés au cours d'une année a été menée; pour cela ils ont été divisés en 3 groupes, en fonction de leur longueur totale:

- Les petits individus de longueurs inférieures ou égales à 60 cm;
- Les moyens de tailles comprises entre 60 et 70cm;
- Les grands de tailles supérieures ou égales à 70cm.

Durant cette étude, les individus échantillonnés sont à 11,6% des petits, à 53,7% des moyens et à 34,7% des grands.

Janvier

Les petits ne représentent que 8 % de l'effectif total; les moyens sont majoritaires avec 57,3 % (Fig. 70a et b). Il s'agit surtout de poissons de longueurs comprises entre 66 et 70 cm. La taille moyenne de ce groupe est de 66 cm (Tab. 22). Les grands individus, de tailles supérieures à 70 cm, représentent 34,7 % de l'effectif; ceux de 71-72 cm sont les plus fréquents. La longueur moyenne de ce groupe est de 76,5 cm.

La longueur moyenne des individus capturés en janvier est de 69,1 cm.

Février

Les proportions des petits et des moyens passent respectivement de 8 à 10 % et de 57,3 à 66 % (moyennes: 57,4 cm et 65,6 cm). Celles des grands individus diminuent: ils ne représentent plus que 24 % de l'effectif (moyenne: 73,9 cm).

En moyenne, les individus échantillonnés sont plus petits qu'en janvier; leur longueur moyenne est de 66,8 cm.

Mars

Les grands individus, 42,7 % de l'effectif, deviennent nombreux dans la pêcherie; ce sont surtout des poissons de 73 et 74 cm. La taille moyenne de ce groupe est de 76,6 cm. Les moyens sont moins nombreux: ils ne constituent plus que 46 % de l'effectif, mais leur structure de taille est semblable à celle de février (longueur moyenne: 66,9 cm). Les petits constituent 11,3 % de l'effectif; leur longueur moyenne est de 58,2 cm.

La longueur moyenne de l'effectif pour ce mois est de 69,5 cm.

Avril

Les poissons de taille moyenne deviennent plus nombreux: ils constituent 63,9 % de l'effectif. Il s'agit surtout d'individus de tailles comprises entre 66 et 70 cm (moyenne: 66,9 cm). Les proportions des petits et des grands diminuent jusqu'à atteindre 4,5 % et 31,7 %.

La longueur moyenne des individus échantillonnés (69,2 cm) est identique à celle de mars.

Mai

Les petits individus ont pratiquement disparu de l'échantillon: ils ne représentent que 2,9 % de l'effectif. En revanche, les grands sont capturés en abondance: leur proportion est de 51,5 %. Ce sont surtout des poissons de 72 à 76 cm; la taille moyenne du groupe est de 76,1 cm. La part relative des moyens diminue jusqu'à 45,6 %; leur structure en taille est semblable à celle du mois précédent.

La taille moyenne (71,3 cm) est plus élevée qu'en avril.

Juin

Le pourcentage des petits s'accroît: il atteint 13,6 % de l'effectif. Leurs tailles varient entre 46 et 60 cm; la moyenne, de 55,3 cm, est la plus faible de celles observées pendant toute la période d'étude. Au cours de ce mois, le pourcentage et la structure en taille des moyens changent peu. La part des grands dans les captures diminue: elle est de 39,4 %. Les plus grands de ce groupe, tailles supérieures à 84, ne sont plus représentés dans l'échantillon. Sa taille moyenne n'a cependant pas changé.

En moyenne, les poissons sont plus petits qu'en mai: ils mesurent en moyenne 68,5 cm.

Juillet

La progression de la part des petits observée en juin se poursuit avec 18,5 %. Leur structure en tailles présente un pic à 56 cm et la moyenne est de 56,5 cm. Les moyens deviennent majoritaires avec 55,5 % des effectifs. Ils se composent de toutes les tailles, mais mesurent surtout 68 cm. La moyenne dans ce groupe est restée inchangée, 65,8 cm. La proportion des grands diminue; ils représentent 26 % des effectifs et sont répartis dans un large éventail de tailles, de 72 à 92 cm. Sa moyenne n'a pas varié.

L'augmentation de la proportion des petits a entraîné une baisse sensible de longueur moyenne des poissons en juillet (66,7 cm).

Août

Les petits et les grands représentent chacun 22,9 % des effectifs. Les petits ont des tailles comprises entre 52 et 60 cm et leur moyenne est de 57,3 cm. Les grands poissons mesurent de 72 à 90 cm, surtout de 72 à 76 cm; leur moyenne n'indique pas de variations notables. Les moyens dominent nettement avec 54,2 % des effectifs. Leur structure de tailles n'a pas varié; la moyenne du groupe est stable entre juillet et août.

La taille moyenne totale à légèrement baissé en août, 66,1 cm.

Septembre

Avec 56,5 % des effectifs, les grands deviennent dominants. Il s'agit de poissons de tailles comprises entre 72 et 94 cm, mais surtout de 74 à 78 cm. La longueur moyenne du groupe est de 77,5 cm. L'effectif des petits diminue fortement et ne dépassent pas 3 %. Les moyens ne représentent que 40,5 %, soit une diminution de 13,7 % par rapport au pourcentage du mois d'août. Ce sont surtout des poissons de tailles comprises entre 66 et 70 cm (moyenne: 66,6 cm).

La forte présence des grands poissons a entraîné une nette augmentation de la longueur moyenne totale des individus (72,5 cm).

Octobre

Les petits deviennent plus abondants au cours de ce mois: leur pourcentage est de 21,5 % des effectifs. Leur longueur moyenne est de 57,5 cm. Les moyens sont dominants avec 44,5 %. Toutes les tailles sont également représentées; la moyenne est de 65,4 cm. Le pourcentage des grands individus a diminué par rapport à septembre et ne représente plus que 34 %. Leurs tailles vont de 72 à 86 cm; un individu mesurant 96 cm fait exception (moyenne du groupe: 75,3 cm).

La moyenne des tailles en octobre a fortement diminué: elle est de 67,1 cm.

Novembre

Les individus moyens dominants en octobre (44,5 %) le sont encore plus en novembre; (62,7 %). Ce sont surtout des poissons de 66 à 70 cm; la taille moyenne du groupe est de 66,4 cm. La part des grands a diminué jusqu'à descendre à 26,4 % des effectifs; ces tailles vont de 72 à 82 cm et leur moyenne est de 74,1 cm. Le pourcentage des petits a fortement diminué pour n'être que de 10,9 % avec une taille moyenne de 55,9 cm.

La longueur moyenne des individus de l'échantillon n'a pas subi de changement significatif, elle est de 67,3 cm.

Décembre

Au cours de ce mois, les pourcentages changent peu. Les moyens représentent 65,3 % avec des individus de tailles comprises entre 64 et 70 cm (moyenne: 66,1 cm). Les grands constituent 22,8 % de l'effectif total; leur structure n'est pas très différente de celle de novembre (moyenne: 76,1 cm). La proportion des petits est de 11,9 %, leur taille variant entre 48 et 50 cm (moyenne: 57,5 cm).

La taille moyenne est restée inchangée, 67,4 cm contre 67,3 en novembre.

Tab. 22 – Longueurs moyennes (en cm) et écart types des groupes de tailles
des émissoles échantillonnées

		Petits	Moyens	Grands	Effectif
Janvier	Moyenne	59,0	66,0	76,5	69,1
	Ecart type	0,8	2,9	5,8	7,0
Février	Moyenne	57,4	65,6	73,9	66,8
	Ecart type	2,5	2,4	3,3	5,4
Mars	Moyenne	58,2	65,6	76,6	69,5
	Ecart type	1,9	2,7	5,0	7,6
Avril	Moyenne	55,8	66,9	75,6	69,2
	Ecart type	2,6	2,6	4,3	5,9
Mai	Moyenne	59,0	66,7	76,1	71,3
	Ecart type	1,3	2,5	4,8	6,4
Juin	Moyenne	55,3	65,9	76,2	68,5
	Ecart type	4,4	2,9	3,9	7,9
Juillet	Moyenne	56,5	65,8	76,0	66,7
	Ecart type	2,7	2,9	5,1	7,4
Août	Moyenne	57,3	65,8	75,6	66,1
	Ecart type	2,7	2,5	4,5	7,0
Septembre	Moyenne	58,5	66,6	77,5	72,5
	Ecart type	1,5	2,7	5,1	7,2
Octobre	Moyenne	57,5	65,4	75,3	67,1
	Ecart type	2,4	2,9	4,2	7,4
Novembre	Moyenne	55,9	66,4	74,1	67,3
	Ecart type	2,8	2,4	2,7	5,8
Décembre	Moyenne	57,5	66,1	76,1	67,4
	Ecart type	2,7	2,7	4,3	6,3

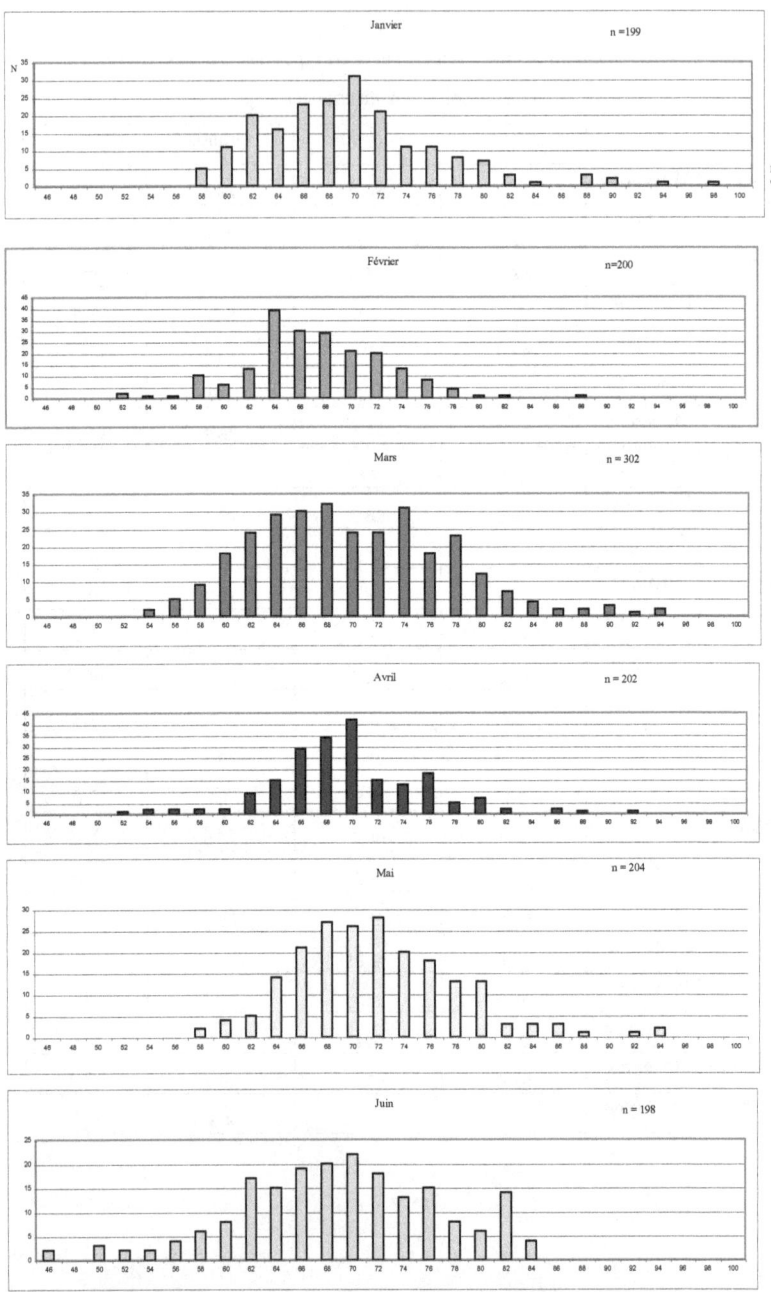

Fig. 70a – Structure mensuelle des tailles observée chez *M. mustelus* au cours de cette étude

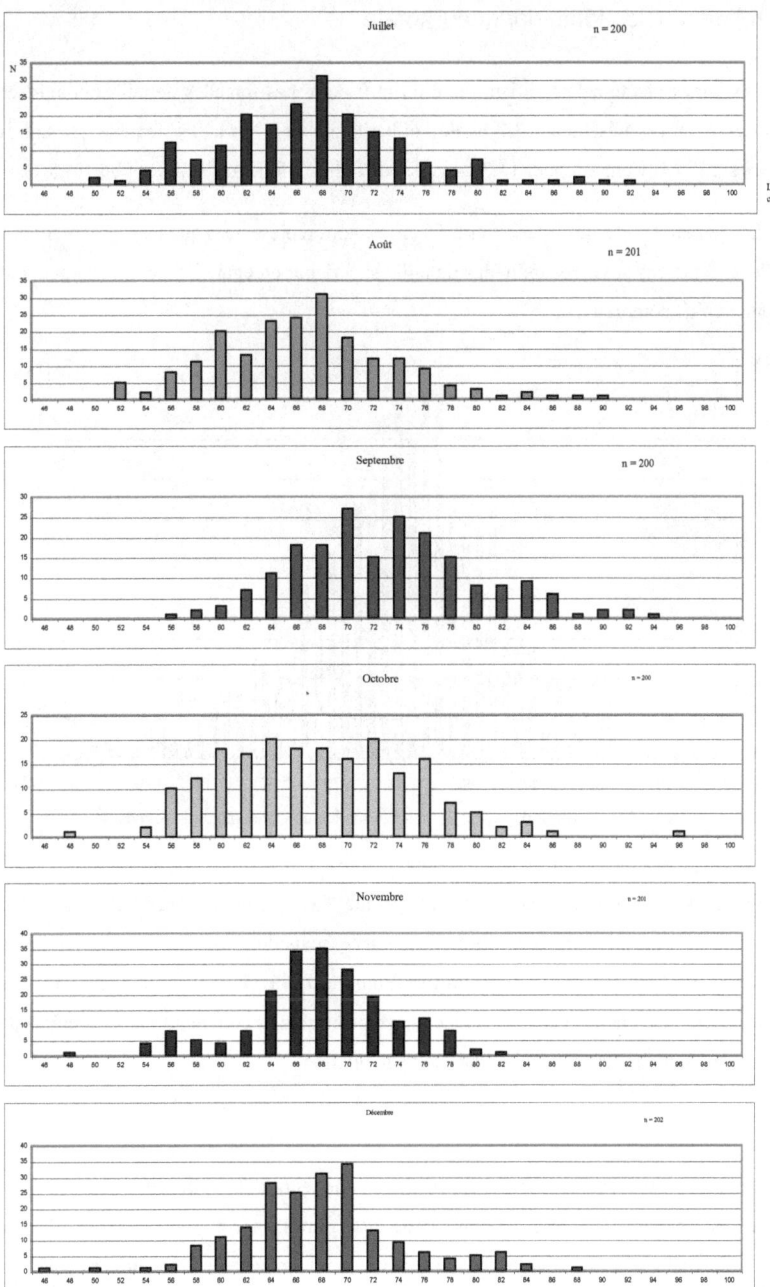

Fig. 70b – Structure mensuelle des tailles observée chez *M. mustelus* au cours de cette étude

2. La relation poids total - longueur totale

Femelles

Les tailles des femelles varient entre 45 et 99 cm. Les femelles de tailles comprises entre 63 et 77 cm représentent 73,7 % de l'effectif total (Fig. 71). Les femelles de tailles supérieures à 77 cm y entrent pour 14,7 %, celles de tailles inférieures à 63 cm pour 14,5 %.

Les femelles de tailles inférieures à 53 cm ne sont représentées que par 1 à 5 individus par taille. C'est le cas aussi des individus de taille supérieure ou égale à 87 cm, mais qui sont relativement plus nombreux.

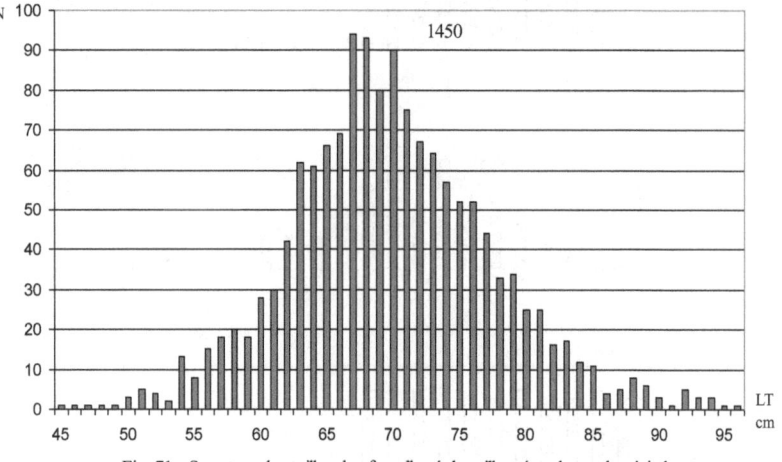

Fig. 71 - Structure des tailles des femelles échantillonnées durant la période

La relation poids - longueur est caractéristique d'une espèce et dépend d'un ensemble de facteurs tels que la nourriture, l'état de maturité sexuelle... Sa représentativité de la population dépend de la taille de l'échantillon (nombre d'individus) et de la couverture des tailles observées. Plus le nombre d'individus est grand et plus ils couvrent toutes les tailles de la population, meilleure est sa représentativité de la relation.

Chez les femelles, le paramètre b étant supérieur à 3, l'allométrie est de type majorante: la croissance en poids est plus rapide que la croissance en longueur (Fig. 72). Le poids et la longueur sont très corrélés (coefficient de corrélation élevé). L'équation s'écrit:

$$PT = 529.\ 10^{-6}*LT^{3,436}$$

$$R = 0,944$$

$$n = 1450$$

PT: poids total; n: nombre d'individus

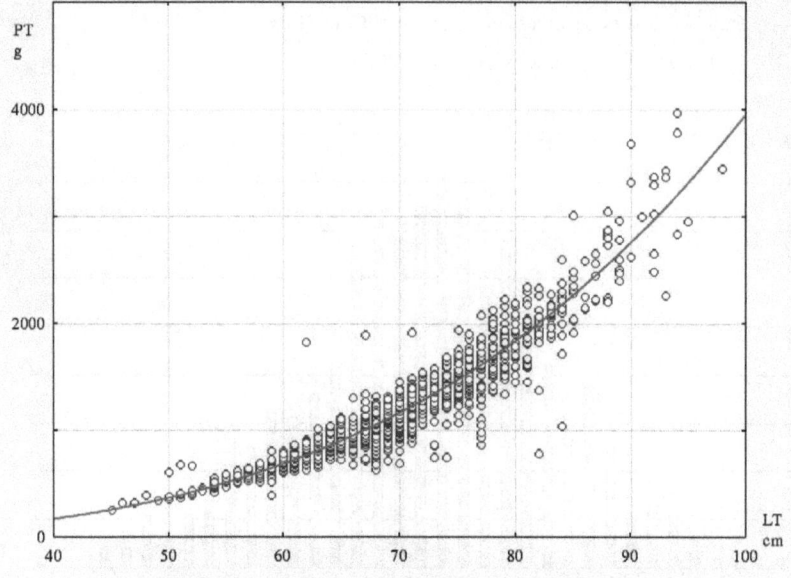

Fig. 72 - Relation poids total - longueur totale des femelles de *M. mustelus*

Lorsque la relation est établie avec des individus éviscérés, le coefficient de corrélations est meilleur (R plus élevé que chez les poissons non éviscérés). Ceci est surtout dû aux embryons portées par les femelles et à l'alimentation. Les paramètres de l'équation sont:

$$a = 115,3*10^{-5}$$

$$b = 3,217$$

$$R = 0,957$$

$$n = 1448$$

<u>Mâles</u>

Chez les mâles, l'intervalle de tailles est plus réduit que chez les femelles: il est compris entre 50 et 85 cm. L'effectif total est constitué pour (Fig. 73):

- 14,3 % de mâles de tailles inférieures à 61 cm;
- 66,4 % de mâles de tailles comprises entre 61 et 71 cm;
- 19,4 % de mâles de tailles supérieurs à 71 cm.

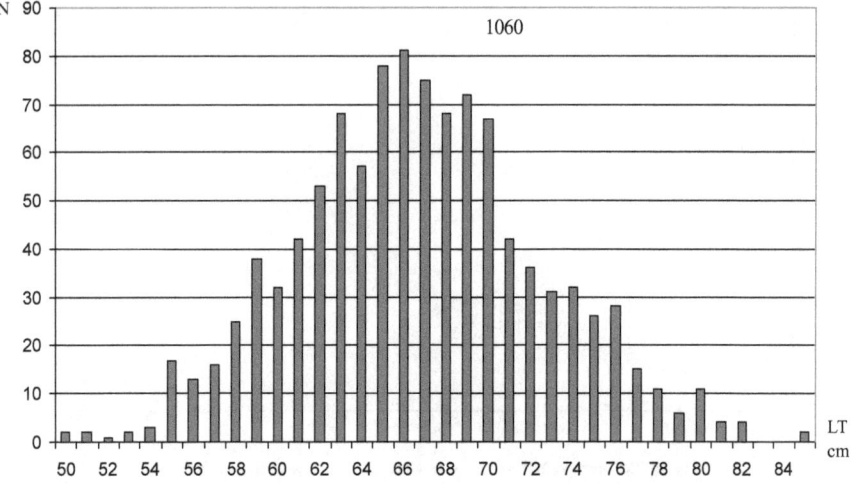

Fig. 73 - Structure des tailles desmâles échantillonnés durant la période d'étude

Chez les mâles, la relation longueur totale-poids total est surtout influencée par le poids des aliments ingérés, les testicules de poids réduits représentent en général moins de 4 % du poids somatique individuel (Fig. 74). La croissance pondérale est proportionnelle à la croissance linéaire (isométrie). La relation est:

$$PT = 305. \ 10^{-5} * LT^{3,001}$$
$$R = 0,925$$
$$n = 1060$$

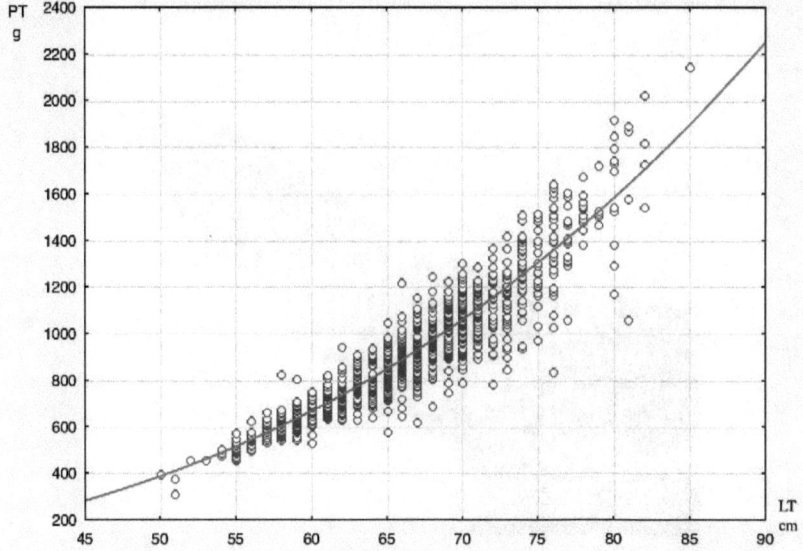

Fig. 74 - Relation poids total - longueur totale des mâles de *M. mustelus*

Cette même relation établie avec des poissons éviscérés donne:

$$a = 262*10^{-5}$$
$$b = 3,014$$
$$R = 0,940$$
$$n = 1060$$

3. La période de formation des bandes de croissance

Les bandes de croissance observées dans les vertèbres sont constituées de dépôts saisonniers. Une paire de bandes, opaque et translucide, correspond selon la plus grande partie de la littérature scientifique, à 1 an (Fig. 75).

Chez *M. mustelus*, ces bandes de croissance sont plus visibles chez les jeunes animaux que chez les plus âgés. De nombreuses stries rapprochées ont pu être observées dans la partie marginale du centre vertébral de certains grands individus. Ces stries n'ont pas été considérées dans l'âgeage des poissons.

Le taux de lisibilité des vertèbres est de 51,5 % de l'effectif examiné.

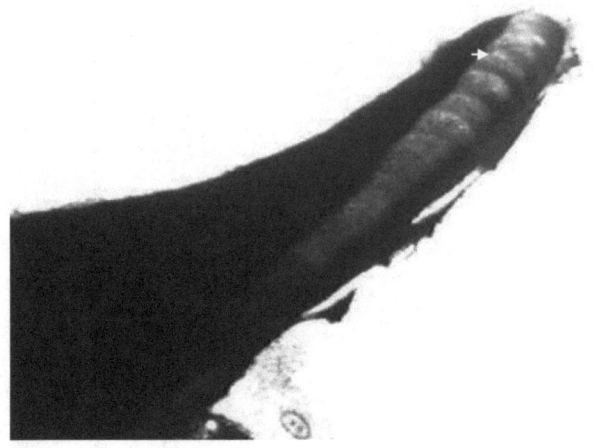

Fig. 75 – Coupe dans une vertèbre d'émissole montrant les bandes

opaques (flèche) et translucides

Afin de déterminer la période de formation des bandes, il faut identifier la bande formée sur la marge des vertèbres. Les bandes opaques sont notées M1 et les bandes translucides M2.

Le suivi du pourcentage mensuel du type de bandes marginales permet de préciser leurs périodes de formation respective. Chez les femelles un grand pic de formation des bandes opaques est ainsi apparu en avril (76 % des femelles); un second, plus faible est visible en septembre (23 %). Les bandes translucides sont fréquentes durant les reste de l'année (Fig. 76).

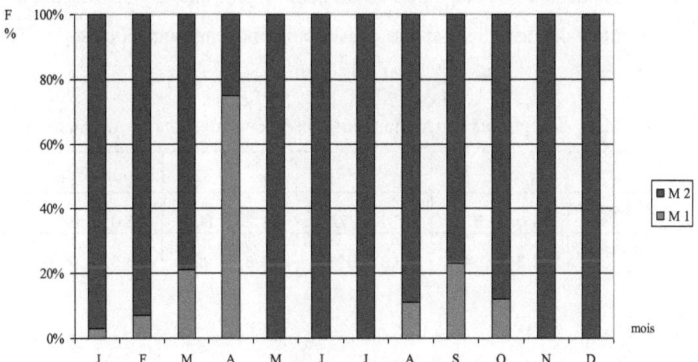

Fig. 76 - Evolution mensuelle des fréquences de bandes opaques (M1) et translucides (M2) dans les marges vertèbrales des femelles de *M. mustelu* s

Chez les mâles, les bandes opaques sont observées entre juillet et septembre. En août, elles se forment chez 95 % des individus et en février chez 33 % d'entre eux (Fig. 77). La période de formation des bandes translucides se situe entre octobre et juin.

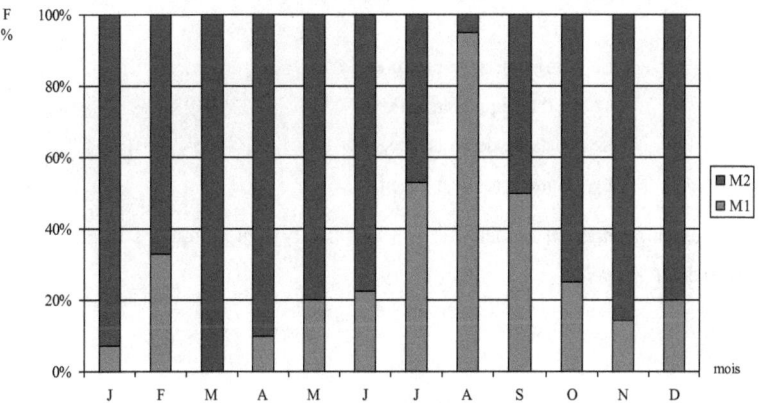

Fig. 77 - Evolution mensuelle des fréquences de bandes opaques (M1) et translucides (M2) dans les marges vertèbrales des mâles

4. Les croissances observées

L'âgeage des individus a permis de calculer par année et par sexe une valeur moyenne des tailles (Tab. 23). La croissance est plus rapide chez les femelles que chez les mâles sauf pendant les deux premières années où les croissances sont identiques. Les valeurs sont influencées par les données de classes de tailles entrées: plus elles se rapprochent de la borne supérieure de l'intervalle de tailles par âge, plus la taille moyenne annuelle est grande.

Tab. 23 – Longueurs moyennes (cm) observées aux âges de *M. mustelus*

	1	2	3	4	5	6	7	8
Mâles	54,0	63,7	67,1	75,1	81,2	80,5	83,0	84,8
Femelles	53,3	64,5	73,9	81,5	86,8	92,6	96,5	99,0

5. La croissance selon le modèle de Von Bertalanffy

5. 1. Croissance linéaire

Femelles

Selon Von Bertalanffy (1938), la croissance des animaux est très rapide chez les jeunes, elle devient de plus en plus lente avec l'âge. Son modèle est de la forme:

$$L_t = L_\infty * (1 - EXP(-K(t-t_0)))$$

avec:

L_∞ : longueur asymptotique

t_0: âge théorique à la taille 0

K: constante de croissance

L_t: longueur totale à l'âge t

Les paramètres du modèle de Von Bertalanffy sont indiqués à la Fig. 78 pour les femelles de *M. mustelus*.

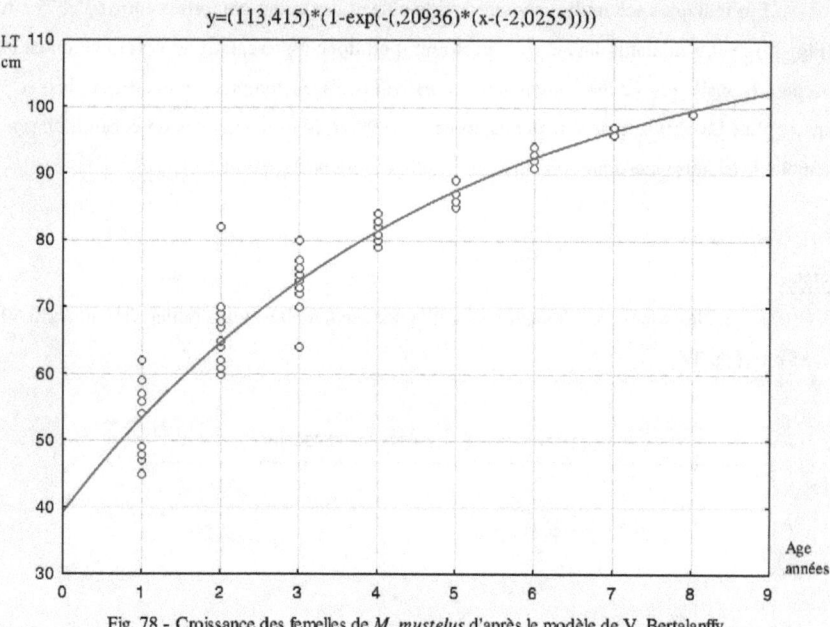

Fig. 78 - Croissance des femelles de *M. mustelus* d'après le modèle de V. Bertalanffy

L'accroissement annuel des femelles diminue progressivement avec l'âge: il passe de 11,4 cm/an à 1,1 cm/an (Tab. 24).

Tab. 24 – Longueurs totales et accroissements annuels
des femelles calculés d'après le modèle de V. Bertalanffy

Ages en années	Longueur totale (cm)	Acc. annuels (cm)
1	53,2	
2	64,6	11,4
3	73,8	9,2
4	81,3	7,5
5	87,3	6,1
6	92,3	4,9
7	96,3	4,0
8	99,5	3,2
9	102,1	2,6
10	104,3	2,1
11	106,0	1,7
12	107,4	1,4
13	108,5	1,1

Les individus échantillonnés ont pour la plupart des tailles comprises entre 63 et 77 cm (Fig. 70). Notre échantillonnage était aléatoire; il est donc représentatif de l'exploitation de la pêche artisanale qui touche aujourd'hui des individus d'âges compris entre 1 an et plus, et 3 ans et plus. La plus grande femelle capturée en 1999 en Mauritanie dans un échantillonnage semblable au notre mesurait 108 cm de long; elle était donc âgée de 12 - 13 ans.

<u>Mâles</u>

Les mâles sont généralement plus petits que les femelles: leurs tailles varient entre 50 et 85 cm (Fig. 79).

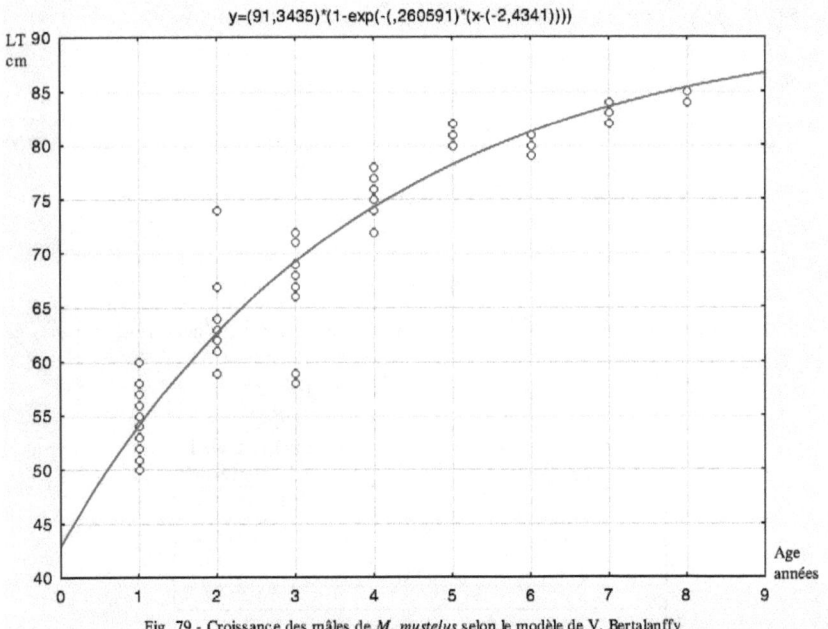

$$y=(91,3435)*(1-exp(-(,260591)*(x-(-2,4341))))$$

Fig. 79 - Croissance des mâles de *M. mustelus* selon le modèle de V. Bertalanffy

Les accroissements calculés à partir du modèle de Von Bertalanffy passent de 8,6 cm/an à 0,8 cm/an (Tab. 25).

Tab. 25 – Longueurs et accroissements annuels

des mâles

Ages	Longueur totale	Acc. annuels
1	54,0	
2	62,6	8,6
3	69,2	6,6
4	74,3	5,1
5	78,2	3,9
6	81,2	3,0
7	83,5	2,3
8	85,3	1,8
9	86,7	1,4
10	87,8	1,1
11	88,6	0,8

66,4 % des mâles échantillonnés avaient des tailles comprises entre 61 et 71 cm. La pêche artisanale en Mauritanie touche donc une fraction de la population dont les âges se situent entre 1 an et plus, et 3 ans et plus.

Le plus grand mâle observé mesurait 88 cm de long; il était donc âgé de 10 à 11 ans.

Chez les deux sexes

Le calcul de la courbe de croissance des deux sexes réunis conduit à une courbe moyenne (Fig. 80). La longueur asymptotique est dans ce cas plus basse que celle des femelles et plus grande que celle des mâles. L'équation de la courbe est de la forme:

$L_t = 103,8 * (1 - EXP(-0,222*(t+2,274)))$

$L_\infty = 103,8$

$K = 0,222$

$t_0 = -2,274$

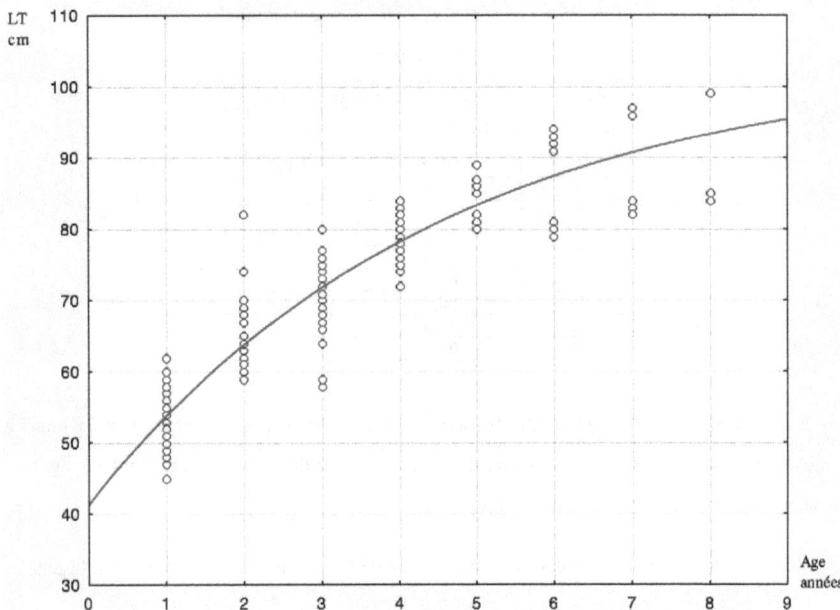

Fig. 80 - Croissances des mâles et femelles réunis de *M. mustelus* d'aprés le modèle de V. Bertalanffy

5. 2. Croissance pondérale

La courbe de croissance pondérale a été déduite des relations poids total – longueur totale pour les mâles et les femelles. Comme la croissance linéaire, la croissance pondérale des femelles est plus rapide que celle des mâles (Fig. 81).

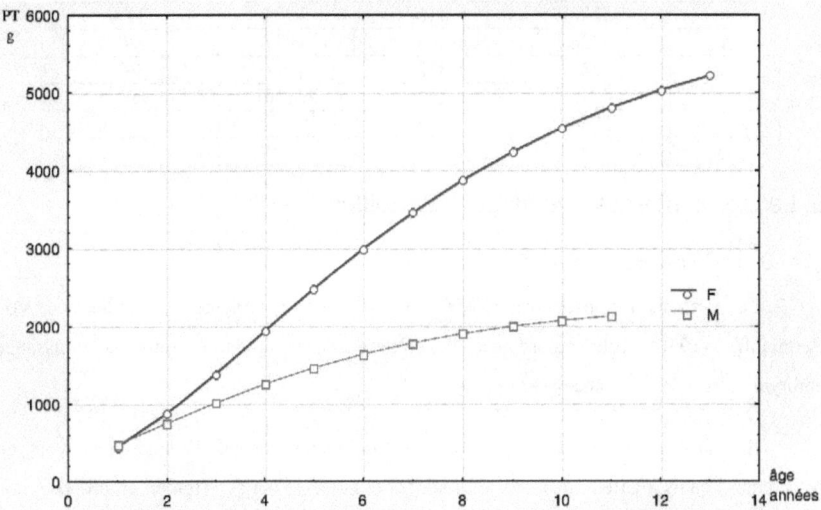

Fig. 81 - Croissance pondérale des femelles et des mâles de *M. mustelus* d'après le modèle de V. Bertalanffy

Chez les femelles, les accroissements pondéraux progressent annuellement jusqu'à atteindre un pic dans la 4e année de la vie des poissons; ils passent de 426 g à 546 g. Au-delà, ils vont diminuer jusqu'à 186 g la 13e année. Chez les mâles, les accroissements annuels passent de 268 g au cours de la 2e année à 263 g au cours de la 3e. Ils vont par la suite diminuer progressivement jusqu'à atteindre une valeur de 59 g par an (Tab. 26).

Tab. 26 – Poids totaux et accroissements pondéraux annuels des femelles et mâles de *M. mustelus* (d'après le modèle de V. Bertalanffy)

Ages en années	PT femelles (g)	Acc. annuels F. (g)	PT mâles (g)	Acc. annuels M. (g)
1	450		483	
2	876	426	751	268
3	1386	510	1014	263
4	1932	546	1255	241
5	2475	543	1464	209
6	2988	513	1640	176
7	3456	468	1785	145

8	3873	416	1903	117
9	4236	363	1997	94
10	4547	312	2071	74
11	4812	264	2130	59
12	5034	222		
13	5219	186		

6. La croissance selon le modèle de Holden

6. 1. Croissance linéaire

La méthode proposée par Holden (1974) est une variante du modèle de Von Bertalanffy (1938). Elle repose sur l'hypothèse d'une similarité entre la croissance embryonnaire et la croissance *post-partum*.

En l'absence de données scientifiques suffisantes sur les Elasmobranches et en considérant qu'ils mettent bas des individus de grandes tailles, Holden a proposé une croissance basée sur des paramètres approximatifs que sont:

❖ La longueur maximale observée;

❖ La taille à la naissance;

❖ La durée de la gestation

Ces paramètres ayant été bien définis pour *M. mustelus* au cours de cette étude, qui a duré deux années, nous pouvons ainsi calculer les paramètres de l'équation de Holden qui est de la forme:

T: durée de la gestation en nombre d'années, soit 9 mois (7-10 mois) chez *M. mustelus;*

K: constante de croissance;

L_{max}: longueur totale maximale observée chez l'adulte en cm;

L_{t+T}: longueur à la naissance (si t=0), la taille à la naissance variant entre 24 et 32 cm, la valeur de 30 cm a été adoptée comme valeur moyenne pour les femelles et les mâles. Cette valeur ne s'écarte pas beaucoup des celles proposées dans la littérature disponible.

$$\frac{L_{t+T}}{L_{max}} = 1 - EXP(-KT)$$

<u>Femelles</u>

La longueur maximale des femelles observée en Mauritanie est de 108 cm. En considérant que des individus plus grands auraient pu échapper à notre échantillonnage des captures cette valeur a été arbitrairement fixée à 110 cm. La constante K est déduite de la formule de l'équation. Les paramètres sont donc:

L_{max}: 110 cm

K: 0,425

L_T: 30 cm

$$Lt = 110 * (1 - EXP(-0,425*t))$$

<u>Mâles</u>

La longueur maximale relevée en Mauritanie chez les mâles est de 88 cm. Pour les mêmes considérations énoncées pour les femelles, la longueur maximale adoptée pour le modèle de Holden est 90 cm.

L_{max}: 90 cm

K: 0,541

L_T: 30 cm

$$Lt = 90 * (1 - EXP(-0,541*t))$$

Les femelles croissent plus rapidement que les mâles (Fig. 82). La croissance de *M. mustelus* suivant le modèle de Holden montre une diminution régulière des accroissements (Tab. 27). Ainsi pour les femelles, ces accroissements sont de 26,8 cm/an (2e année); ils deviennent inférieurs à 1 cm à partir de la 9e année et ne sont plus que de 0,1 cm la 13e année. Pour les mâles, l'accroissement est de 21,9 cm (2e année); il deviendra inférieur à 1 cm à partir de la 8e année. Il n'est plus que de 0,3 cm la 10e année.

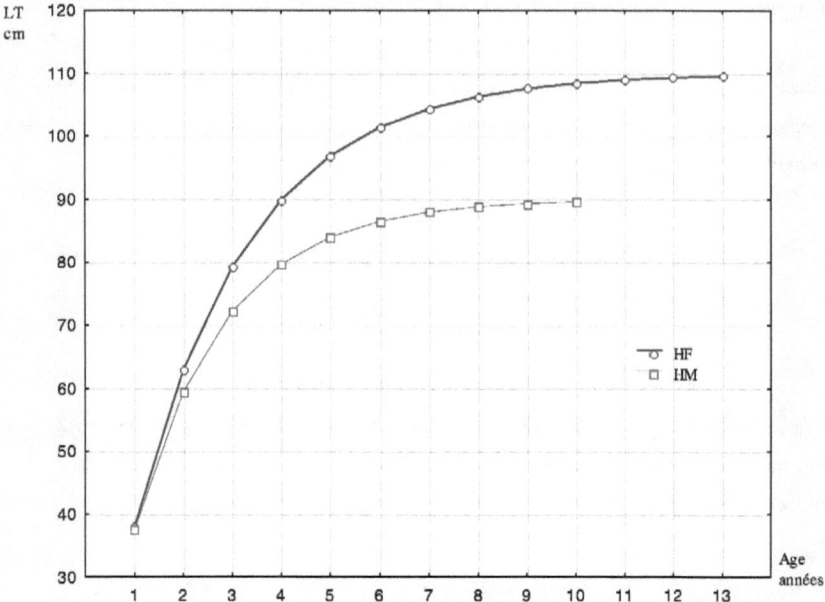

Fig. 82 - Croissance des femelles et des mâles de *M. mustelus* d'après le modèle de Holden

Tab. 27 – Tailles par sexes, par âges et accroissements annuels

Ages	LT Femelles (cm)	Acc. annuels F	LT Mâles (cm)	Acc. annuels M
1	38,1		37,6	
2	62,9	26,8	59,5	21,9
3	79,2	15,6	72,2	12,7
4	89,9	9,1	79,6	7,4
5	96,8	5,3	84,0	4,3
6	101,4	3,1	86,5	2,5
7	104,4	1,8	88,0	1,5
8	106,3	1,0	88,8	0,9
9	107,6	0,6	89,3	0,5
10	108,4	0,4	89,6	0,3
11	109,0	0,2		
12	109,3	0,1		
13	109,6	0,1		

6. 2. Croissance pondérale

La croissance pondérale des femelles tend vers une valeur asymptotique de 7600 g qui correspond au poids d'un individu de 110 cm de longueur totale. Chez les mâles, le poids asymptotique est de 2500 g (Fig. 83).

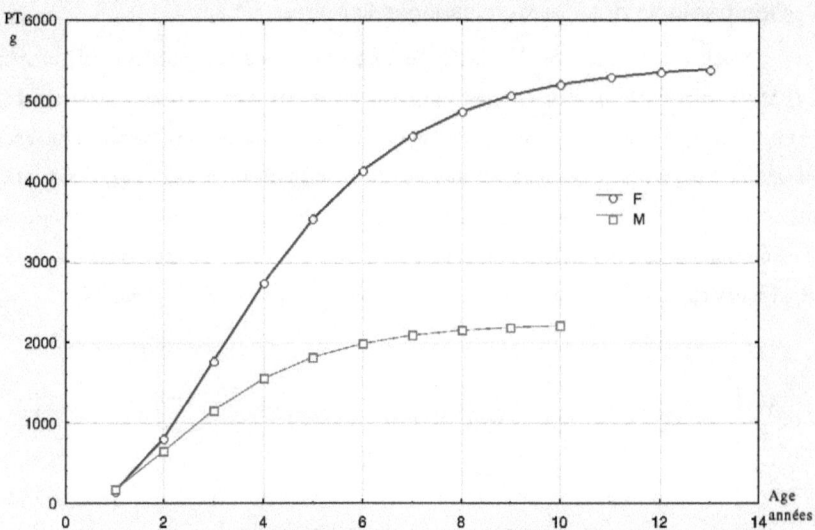

Fig. 83 - Croissance pondérale des femelles et des mâles d'après le modèle de Holden

Chez les femelles, les accroissements annuels passent de 661 g (2ᵉ année) à 967 g (3ᵉ année). Au-delà de la 3ᵉ, ils passent de 867 à 39 g à la 13ᵉ année. Pour les mâles, les accroissements passent de 482 g en 2ᵉ année et 510 g en 3ᵉ. Ils vont par la suite diminuer jusqu'à atteindre 21 g à la 10ᵉ année de la vie des poissons (Tab. 28).

Tab. 28 – Poids totaux et accroissements pondéraux annuels des femelles et des mâles de *M. mustslus*

Ages années	Femelles		Mâles	
	PT (g)	Acc. ann. (g)	PT (g)	Acc. ann. (g)
1	143		163	
2	803	661	644	482
3	1770	967	1154	510
4	2730	960	1548	394
5	3528	798	1814	266
6	4131	603	1982	168
7	4563	432	2085	103
8	4863	299	2146	61
9	5066	203	2182	36
10	5202	136	2204	21
11	5292	90		
12	5352	60		
13	5391	39		

7. Comparaison des deux croissances linéaires

Selon le modèle de Von Bertalanffy, les longueurs totales des femelles (VBF) et mâles (VBM) à l'âge de 1 an sont voisines: 53,1 cm et 54 cm. Les accroissements respectifs correspondants sont de 23,1 cm et 24 cm (taille à la naissance de 30 cm). Le calcul suivant le modèle de Holden donne une longueur totale de 38,1 cm pour les femelles et 37,6 cm pour les mâles, soit des accroissements annuels de 8,1 cm et 7,6 cm. Au cours de la 2e année, les poissons ont des tailles proches. A partir de la 3e année, la croissance suivant le modèle de Holden devient supérieure à celle obtenue d'après celui de Von Bertalanffy (Fig. 84).

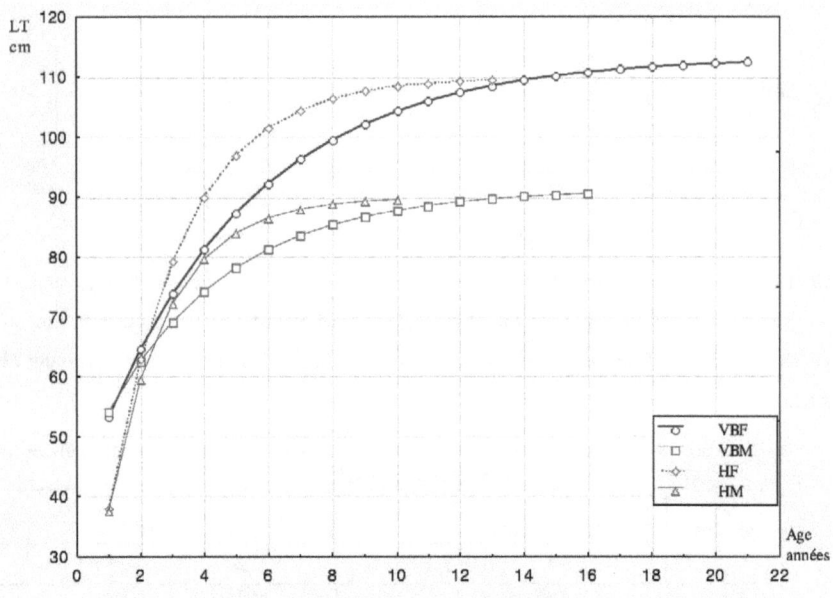

Fig. 84 - Croissance des femelles et des mâles selon les modèles de V. Bertalanffy (VBF et VBM) et de Holden (HF et HM)

8. Ages à la première maturité sexuelle

Les tailles à la première maturité sexuelle des mâles et des femelles sont respectivement de 67 cm et 72 cm; elles correspondent à des âges de 2,6 ans pour les premiers et 2,8 ans pour les secondes (modèle de Von Bertalanffy). Selon le modèle de Holden, ces tailles correspondent à des âges de 2,5 ans pour les mâles et les femelles.

9. Discussion

Dans le but de faire une étude comparative de la croissance observée par l'analyse des structures de tailles et de la méthode de détermination de l'âge individuel des poissons, une analyse des fréquences de taille a été réalisée. L'échantillonnage a porté sur une population constituée à 53,7 % d'individus de tailles comprises entre 60 et 70 cm de longueur totale (Fig. 70a et b). Ceux de taille inférieure à 60 cm n'étaient représentés qu'à 11,6 %, alors que les poissons de taille supérieure à 70 cm l'étaient pour 34,7 %. Les mâles sont plus nombreux que les femelles à des tailles inférieures à 66 cm, les femelles le sont à des tailles supérieures.

L'analyse des tailles n'a pas permis d'identifier des cohortes distinctes dont le suivi aurait pu aboutir à un calcul de la croissance en utilisant la méthode de Petersen: les modes ne présentaient pas de déplacement marqué au terme d'une période d'échantillonnage de deux années. Ceci pourrait être imputable à la croissance lente, caractéristique des Elasmobranches (Cailliet *et al.*, 1983), mais aussi à la ségrégation par taille de l'espèce (Natanson *et al.*, 1995; Hoenig et Gruber, 1990). L'analyse des fréquences de tailles pour le calcul de la croissance a déjà été faite chez les Elasmobranches, mais les résultats n'ont pas été probants (Templeman, 1944; Aasen,1963; Johnson et Horton, 1972). Son usage devient rare et limité aux jeunes individus qui ont une croissance rapide. Chez les grands, les croissances ne sont pas décelables par un suivi de fréquences de tailles (Casey *et al.*, 1985; Pratt et Casey, 1983; Killam et Parsons, 1989; Hoenig et Gruber, 1990). Ces techniques sont aujourd'hui abandonnées par les scientifiques au profit des méthodes d'âgeage individuelles qui deviennent très nombreuses.

L'âgeage de *M. mustelus* est basé ici sur l'hypothèse de la formation d'une paire de bandes opaque et translucide par an; la première paire est considérée comme étant celle correspondant à la naissance de l'animal (Goosen et Smale, 1997). Cette hypothèse de formation de paires de bandes annuelles adoptée aussi par ces auteurs pour la même espèce mérite d'être validée par utilisation d'un marqueur comme la tétracycline couplée avec un élevage en aquarium ou des opérations de capture – recapture déjà réalisées chez plusieurs espèces de raies et de requins (Meunier, 1992; Beamish et McFarlane, 1983). Beamish et McFarlane (1983) ont insisté sur la nécessité de cette validation à différents groupes d'âges, notamment pour les grands individus. Le nombre élevé d'études ayant conclu à une formation annuelle de paires de bandes laisserait penser que leur formation pourrait être générale chez les Elasmobranches, c'est pourquoi de nombreux auteurs l'adoptent comme hypothèse de base.

Plusieurs études utilisant la tétracycline comme marqueur ont abouti à la formation annuelle: Branstetter (1987) chez le requin aiguille gussi *Rhizoprionodon terraenovae*, Brown et Gruber (1988) chez le requin citron *Negaprion brevirostris,* Natanson *et al.* (1999) chez le requin tigre *Galeocerdo cuvier* et Smith *et al.* (2003) chez le requin virli leopard *Triakis semifasciatis.* Goosen (1997) a également injecté l'oxytétracycline à un Triakidé, le requin virli dentu *Triakis megalopterus* en élevage et a confirmé qu'une paire de bandes opaque et translucide correspondait à une année.

L'application des méthodes d'âgeage individuel à *M. mustelus* dans ce travail a montré un taux de lisibilité de 51,5 %, taux comparable à celui de 54 % trouvé chez l'espèce par Goosen et Smale (1997) en Afrique du sud.

La formation des bandes opaques hyperminéralisées est associé selon les auteurs à une période forte ou de faible croissance (Meunier, 1992). Cailliet et al. (1986) In Meunier (1992) l'a liée à la forte croissance estivale chez certaines espèces. Pour d'autres auteurs, elle correspond à une période de faible croissance des requins; elle est le résultat d'une forte minéralisation dans les vertèbres (Martin et Cailliet, 1988; Ferreira et Vooren, 1992 et Yamaguchi *et al.*, 1998). Chez la majorité des femelles d'émissoles, les bandes opaques se forment au cours de la saison froide, en avril, qui est une période de gestation pour des femelles et parturition pour d'autres. Un pic secondaire est visible en saison chaude, indiquant que ces bandes se forment chez quelques femelles en septembre. Chez les mâles, ces bandes se forment en saison chaude (août) pour la majorité des individus; chez d'autres, moins nombreux, ces bandes se mettent en place en saison froide (février). D'après Goosen et Smale (1997), les bandes opaques se forment entre janvier et avril chez les femelles, en août et mars chez les mâles de *M. msutelus* en Afrique du sud.

D'après Goosen et Smale (1997, la détermination de l'âge des émissoles âgées est plus difficile que celle des jeunes; nous l'avons aussi constaté durant cette étude: les bandes sont plus aisément discernables chez les jeunes individus; chez les âgés les marges portent des stries très fines difficilement assimilables à des bandes annuelles. Casey *et al.* (1985) et Goosen et Smale (1997) font la distinction entre ces stries fines et les bandes de croissances. Si une étude de validation de l'âge par marqueur (tel que la tétracycline) confirme que ces stries correspondent à des bandes annuelles, la croissance de *M. mustelus* en Mauritanie et en Afrique du sud seraient plus lentes. Pour Casey et Natanson (1992), ces stries sont des bandes de croissances; ils ont revu une étude de l'âge et de la croissance du requin gris *Carcharhinus plumbeus* réalisée par Casey *et al.* (1985). Cependant plus tard, Goosen (1997) a cherché à valider par injection d'oxytétracycline l'âgeage du virli dentu *Triakis megalopterus*; il en a déduit qu'elles ne correspondaient pas à des bandes de croissance. Il a mis en garde contre une telle confusion. C'est pourquoi, ces stries n'ont pas été prises en considération dans ce travail. Goosen et Smale (1997) en procédant de même que notre travail ont interprété ces stries comme étant dues à des changements dans la vie des poissons (telle que la reproduction ou la migration…).

L'application des modèles de croissance de Von Bertalanffy (1938) et de Holden (1974) à l'émissole dans cette étude conduit à des courbes de croissances différentes. En appliquant celui de Holden la croissance apparaît plus rapide qu'avec celui de Von Bertalanffy à partir de la 3e année pour les femelles et de la 2e année pour les mâles. Selon le modèle de Holden, la longueur des poissons à la première année paraît faible comparée à la taille à la naissance.

D'après le modèle de Holden la croissance est très rapide, ce qui suppose une durée de vie très courte comparée à celle citée dans la littérature. Francis (1981) en l'appliquant aux espèces du genre *Mustelus* a conclu que l'utilisation de ce modèle est pratique pour une estimation rapide du taux de croissance, mais qu'elle ne doit en aucun cas remplacer l'étude de la croissance par l'âgeage individuel à l'aide des pièces dures. Pratt et Casey (1990) mettent en garde contre un usage abusif de cette méthode surtout que les études biologiques sur les Elasmobranches deviennent fréquentes et donnent de bonnes estimations des paramètres biologiques requis pour les modèles de croissance. Le modèle de Von Bertalanffy a également fait l'objet de critiques; Roff (1980) et Knight (1969) entre autres proposent d'utiliser le modèle parabolique de préférence à celui de Von Bertalanffy. Pour Pratt et Casey (1990) "la fonction linéaire est probablement le meilleur modèle prédictif des croissances lentes des requins". Il n'en demeure pas moins que le modèle de Von Bertalanffy reste, à cause de sa flexibilité qui l'adapte à plusieurs types de croissances, de loin le plus utilisé dans l'estimation de la croissance des poissons. Son application ici donne des valeurs plus proches de celles observées.

Les plus grandes femelles observées durant cette étude étaient âgées de 13 ans et les plus grands mâles de 11. La croissance des femelles de *M. mustelus* est plus rapide que celles des mâles, résultat qui concorde avec celui de Goosen et Smale (1997). Yudin et Cailliet (1990), Yamaguchi *et al.* (1996) et Conrath *et al.* (2002) ont aussi relevé une croissance plus rapide des femelles de l'émissole grise *Mustelus californicus*, l'émissole étoilée *M. monazo* et l'émissole douce *M. canis*. D'autres auteurs ont noté des croissances équivalentes entre mâle et femelles d'Elasmobranches, Seki *et al.* (1998), et Lessa *et al.* (2004) chez le requin océanique *Carcharhinus longimanus* dans le Pacifique et chez le requin bleu *Prionace glauca* au Brésil. Wintner et Cliff (1996) ont aussi indiqué des croissances similaires chez les deux sexes du requin gris *Carcharhinus plumbeus* au nord ouest Pacifique.

La croissance des jeunes émissoles lisses est plus rapide en Mauritanie qu'en Afrique du sud (Fig. 85). Ainsi, les femelles de moins de 7 ans croissent en Mauritanie plus vite qu'en Afrique du sud; les mâles de 3 ans ou moins ont également une croissance plus rapide en Mauritanie. Cela correspond pour les femelles à des tailles inférieures à 96 cm (c'est à dire plus de 99 % des femelles pêchées durant cette étude) et pour les mâles à des longueurs inférieures à 69 cm, soit plus de 70 % des individus capturés.

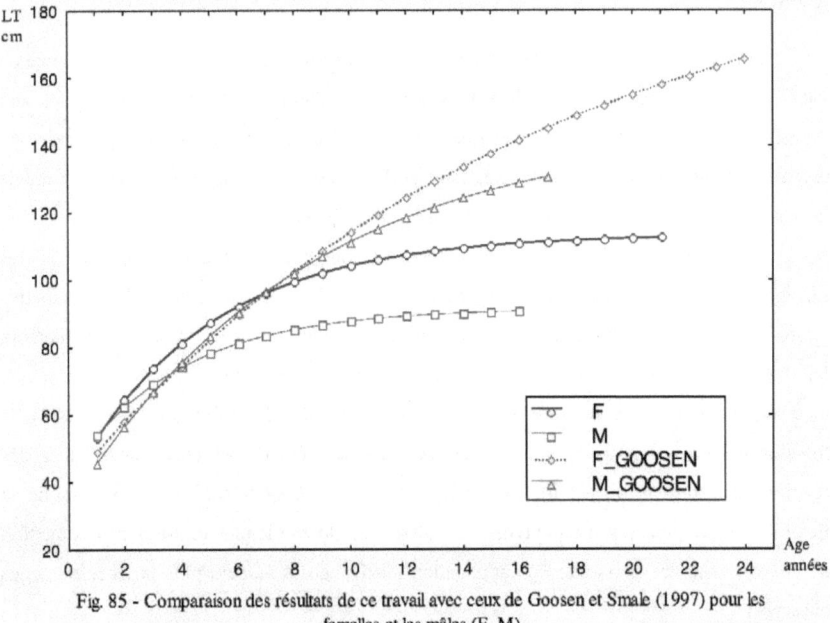

Fig. 85 - Comparaison des résultats de ce travail avec ceux de Goosen et Smale (1997) pour les femelles et les mâles (F, M)

En Mauritanie, l'âge à la première maturité sexuelle est de 2,6 années pour les mâles et 2,8 pour les femelles; les tailles respectives sont de 67 cm chez les mâles et de 71-72 cm chez les femelles. En Afrique du sud, la maturité est atteinte à des âge de 6 à 9 ans pour les mâles et 12 à 15 ans pour les femelles (Goosen et Smale, 1997). Les tailles correspondantes sont 95–

110 cm pour les mâles et 125-140 pour les femelles (Smale et Compagno, 1997). Ces tailles sont supérieures à celles observées ici.

Les valeurs de la constante de croissance K citées dans la littérature pour les espèces du genre *Mustelus* varient entre 0,032 chez les femelles de l'émissole étoilée *M. monazo* et 0,440 chez les mâles de l'émissole douce *M. canis* (Tab. 29). Les valeurs les plus proches de nos résultats sont celles de l'émissole brune *M. henlei*.

Tab. 29 – Les paramètres de croissances des espèces du genre *Mustelus*

Espèces	Sexe	L_∞	K	t_0	Références
M. mustelus	F	113,4	0,209	-2,023	Présent travail
	M	91,3	0,261	-2,434	
M. mustelus	F	204,96	0,060	-3,550	Goosen et Smale (1997)
	M	145,1	0,120	-2,14	
M. canis	F	123,6	0,292	-1,940	Conrath *et al.* (2002)
	M	105,2	0,440	-1,520	
M. henlei	F	97,6	0,225	-1,375	Yudin et Cailliet (1990)
	M	86,1	0,224	-1,086	
M. lenticulatus	F	142,4	0,218	-1,032	Yudin et Cailliet (1990)
	M	101,8	0,350	-1,271	
M. monazo	F	88,6	0,695	-1,133	Tanaka et Mizue (1979)
	M	71,4	0,379	-0,734	
M. monazo	F	277,1	0,032	-4,770	Taniuchi *et al.* (1983)
	M	104,3	0,190	-2,000	
M. monazo	F	134,1	0,113	-2,550	Yamaguchi *et al.* (1996)
	M	124,1	0,120	2,59	

VIII. Conclusion générale

La présente étude sur l'écologie et la biologie de l'émissole lisse en Mauritanie a permis d'obtenir des résultats sur la distribution, l'alimentation, la reproduction et la croissance de l'espèce. Ils pourront être d'une grande utilité en aménagement des ressources démersales et benthiques d'Elasmobranches dans lesquelles l'espèce est dominante.

L'émissole évolue dans un environnement dont les conditions lui paraissent favorables. Le plateau continental est large au niveau de son aire de distribution, ce qui offre à cette espèce côtière une aire de déplacement plus large que sur le reste du plateau continental. Les sédiments sont meubles, fournissant ainsi un habitat qui lui est propice. Le plateau continental mauritanien se trouve sous l'effet de l'oscillation de la zone intertropicale de convergence qui sépare la zone de hautes pressions de l'Atlantique nord de celle de basses pressions de l'Atlantique sud. Les conditions météorologiques y sont variables. Deux upwellings ont été identifiés dans les eaux du pays: l'upwelling du Cap Blanc, intense et observable durant toute l'année, et celui situé autour de Nouakchott (18° N de latitude), plus faible et saisonnier. La zone économique exclusive mauritanienne est un carrefour de plusieurs masses d'eau qui peuvent être divisées en deux grands types: les masses d'eau froides et généralement salées venant du nord et d'autres plus chaudes et moins salées, venant du sud. Il en résulte un régime hydrologique caractérisé par quatre saisons, dont les variations se répercutent sur la dynamique de l'espèce.

M. mustelus est une espèce côtière vivant au nord du plateau continental entre le Cap Blanc et le Cap Timiris, dans la zone située en face du Banc d'Arguin. Aucune migration latitudinale n'a été mise en évidence au cours de ce travail. Le Cap Timiris constitue une "barrière" qui n'est franchie en direction du sud qu'occasionnellement, par de rares individus. Les femelles sont plus proches de la côte que les mâles surtout quand elles sont gestantes. En saison froide, le plateau continental étant recouvert par les eaux froides en provenance du nord, les populations d'émissoles qui ont une affinité tropicale sont repoussées vers la côte à la recherche de températures plus clémentes près du Banc d'Arguin. Ce mouvement concerne surtout les mâles matures qui se rapprochent de la côte pour s'accoupler avec les femelles. Avec le début du réchauffement des eaux, ils regagnent le "large". Ces déplacements engendrent des comportements ségrégationnels par sexe et par taille des émissoles. Dans leur distribution, les jeunes individus, qu'ils soient femelles et mâles, sont plus proches de la côte que les adultes du même sexe.

Ce travail ayant porté sur les populations des eaux mauritaniennes devra être poursuivi par une étude sur l'identité des stocks de Mauritanie, du Maroc et du Sénégal pour répondre à la question: existe-t-il dans la sous région un seul stock ou plusieurs stocks différents. Une étude génétique des populations est envisageable.

Les raisons pour lesquelles l'espèce a une distribution limitée au nord du Cap Timiris ne sont pas toutes connues et doivent faire l'objet d'un travail ultérieur; pourraient être pris en considération:

-   le rétrécissement du plateau continental en face du Cap Timiris qui rend la pente du plateau continental assez abrupte pourrait empêcher la descente au sud des populations de cette espèce, côtière, et sensible à l'augmentation de profondeur;

-   la proximité du Banc d'Arguin, zone de hauts fonds où la pénétration des rayons solaires permet augmente les températures de l'eau, créant une zone thermiquement propice à l'émissole lisse d'affinité tropicale;

-   les bernard-l'hermite, principales proies de l'espèce, seraient particulièrement abondants dans cette zone d'upwelling permanent et intense, pourraient jouer un rôle dans sa distribution nord.

Ces résultats sur la distribution de l'espèce seront utiles en aménagement des ressources, notamment pour le pilotage des pêcheries. Le stock de géniteurs, proche de la côte, est plus soumis à la pression de la pêche artisanale qu'industrielle. Cette première, encouragée par les différentes politiques de l'Etat, a connu un développement anarchique en Mauritanie. Son effort croissant doit être régulé afin de réduire son impact sur le stock d'émissoles, surtout durant le premier semestre de l'année qui coïncide avec la période de reproduction (accouplement, gestation et parturition).

Les tailles maximales relevées en Mauritanie (environ 110 cm pour les femelles et 90 cm pour les mâles) sont inférieures à celles signalées en Méditerranée et en Atlantique du sud ouest (notamment en Afrique du sud). S'agirait-il d'un défaut d'échantillonnage qui n'a pas permis une couverture de toutes les tailles présentes en Mauritanie? Ou sommes-nous en présence d'une sous-espèce de taille plus réduite que dans les deux autres régions? Il n'est pas non plus exclu que l'on soit en situation de début de surexploitation de tailles, qui aurait entraîné la disparition des grands individus.

L'alimentation de l'émissole en Mauritanie ressemble, dans ses grandes lignes, à celle signalée dans d'autres travaux. Elle est basée sur les Crustacés (notamment les Anomoures: bernard-l'hermite) suivis par les Poissons, les Mollusques et les Annélides. Les données sur la répartition des biomasses de la principale proie (bernard-l'hermite) doivent être prises en compte dans le cadre des campagnes de prospection scientifique de l'IMROP pour confirmer le constat de concentration de son abondance au nord du Cap Timiris. S'il s'avère que la zone nord Cap Timiris, connue pour sa richesse en poulpes *Octopus vulgaris* (proie secondaire de l'émissole lisse), est la zone d'abondance de bernard-l'hermite en Mauritanie l'hypothèse d'un éventuel rôle de cette proie dans la distribution de *M. msutelus* sera renforcée.

Le cycle de la reproduction de cette espèce est très saisonnier et annuel; il paraît fortement soumis aux variations des facteurs environnementaux notamment la température. L'accouplement, une partie de la gestation et la parturition ont lieu en saison froide. Les mâles matures s'accouplent avec toutes les femelles ayant atteint la maturité sexuelle y compris les gestantes. Les femelles sont actives et pourraient se reproduire deux années successives. La durée de la gestation varie de 7 à 10 mois. A la naissance, les jeunes émissoles mesurent entre 24 et 32 cm. La taille à la première maturité sexuelle est de 67 cm chez les mâles et 71-72 cm chez les femelles, les poissons sont alors âgés de 2,6 et 2,8 ans. La fécondité chez *M. mustelus* varie entre 1 et 13 embryons avec une moyenne de 3,6 embryons par portée. Des mesures de protections des géniteurs durant la saison froide sont tout à fait envisageables et relativement faciles appliquer dans le contexte actuel: les populations sont proches de la côte.

Une étude de la maturation chez le mâle est nécessaire pour confirmer la période de l'accouplement. Elle doit s'étendre sur au moins un cycle annuel.

La croissance de l'espèce en Mauritanie est plus rapide que celle relevée en Afrique du Sud. L'exploitation de la pêche commerciale en Mauritanie touche surtout des individus d'âge compris entre 1 et 4 ans, c'est à dire inférieurs à 81 cm pour les femelles et inférieurs à 74 pour les mâles. Au cours de cette étude, la validation de l'âgeage des individus n'a pu être réalisée; une validation de l'âge pour confirmer ces résultats sera donc nécessaire. De même, les individus de grandes tailles ayant été sous échantillonnés, ceux de tailles supérieures à 100 cm devront être intégrés dans des études ultérieures sur la croissance.

IX. Bibliographie

Aasen O., 1963 – Length and growth of the porbeagle (*Lamna nasus*, Bonaterre) in the North West Atlantic. Fiskeridir. Skr. Ser. Havunders. 13 (6): 20-37.

Abdel-Aziz S. H., 1994 – Observations on the biology of the common torpedo (*Torpedo torpedo* Linnaeus, 1758) and marbled electric ray (*Torpedo marmorata* Risso, 1824) from Egyptian Mediterranean waters. Auts. J. Mar. Freshw. Res., 45: 693 – 704.

Allain C., 1970 – Observations hydrologiques sur le talus du Banc d'Arguin en décembre 1962 (campagne de la "Thalassa" du 2 nov. au 21 décembre 1962). Rapp. PV-Réunion. Cons. Int. Expl. Mer, 154: 86 – 89.

Anonyme, 2002 - Etude pour le plan d'aménagement des ressources halieutiques en République Islamique de Mauritanie. JICA/MPEM/CNROP, Sanyo Techno Marine, Inc. Overseas Agro-fisheries Consultants Co. Ltd.

Arfi R., 1985 – Variabilité inter-annuelle d'un indice d'intensité des remontées d'eau dans le secteur du Cap Blanc (Mauritanie). Can. J. Fish. Aquat. Sci., vol. 42: 1969 – 1978.

Babel T. S., 1967 – Reproduction, life history, and ecology of the round stingray, *Urolophus halleri* Cooper. Calif. Fish. Game Bull. 137: 1-104.

Baldridge H. D., 1970 – Sinking factors and average densities of Florida sharks as functions of liver buoyancy. Copeia, 4: 744 – 754.

Baldridge H. D., 1972 – Accumulation and function of liver oil in Florida. Copeia, 2: 306 – 325.

Barton E. D., P.Hughes et J. H. Simpson, 1982 – Vertical shear observed at contrasting sites over the continental slope off Northwest Africa. Oceanol. Acta, 5(2): 169 – 178.

Bass A. J., J. D'Aubrey et N. Kistanasamy, 1973 – Sharks of the east coast of Southern Africa. 1. The genus *Carcharhinus* (*Carcharhinidae*). Invest. Rep. Oceanog. Res. Inst., 33: 1 – 168.

Beamish R. J. et G. A. McFarlane, 1983 – The forgotten requirement for age validation in fisheries biology. Trans. Amer. Fish. Soc. 112: 735-743.

Bergerard P., F. Domain et B. Richer de Forges, 1983 – Evaluation par chalutage des ressources démersales du plateau continental mauritanien. Bull. Cent. Nat. Rech. Océanog. et des Pêches, 11(1): 217 – 250.

Bernikov, 1982 – Les caractéristiques comparatives des conditions thermiques de l'eau dans la Baie du Lévrier en 1981. Bull. Cent. Nat. Rech. Océanog. et des Pêches Nouadhibou, 10: 31 – 36.

Bertrand J., L. Gil de Sola, C. Papakonstantinou, G. Relini et A. Souplet, 2000 – Contribution on the distribution of Elasmobranchs in the Mediterranea (from Medit Survey). Biol. Mar. Medit., 7(1):385 – 399.

Blainville H. M., 1825 – Poissons In Faune de France, Vieillot et Desmaret: 81-84.

Bonaparte C. L., 1834 – Iconographia della fauna italica per le quatro classi delgi animali vertebrati 3. Pesci. Rome: 78.

Bonfil R., 1994 – Overview of world elasmobranch fisheries. FAO Fisheries Technical Paper n° 341: 119.

Bonnaterre J. P., 1788 – Tableau encyclopédique et méthodique des trois règnes de la nature. Ichtyologie. Panckoucke (Ed.), 56: 215.

Brander K. and D. Palmer, 1985 – Growth rate of *Raja clavata* in the Northeast Irish Sea. J. Cons. Int. Explor. Mer, 42: 125-128.

Branstetter S., 1987 – Age and Growth Validation of Newborn Sharks Held in Laboratory Aquaria, with Comments on the Life History of the Atlantic Sharpnose Shark, *Rhizoprionodon terraenovae*. Copeia, 2: 291-300.

Brown C. A. et S. H. Gruber, 1988 – Age assessment of the lemon shark, *Negaprion brevirostris*, using tetracycline validated vertebral centra. Copeia, 3: 747 – 753.

Budker P., 1958 – La viviparité chez les sélaciens. In Traité de Zoologie. Anatomie, Systématique, Biologie. P. P. Grassé éd., tome XIII (II): 1754-1790.

Cadenat J., 1950 – Poissons de mer du Sénégal. In Initiations Africaines. Mém. Inst. Fond. Afr. Noire, 345.

Cadenat J., 1950 – Poissons de mer du Sénégal. Inst. Franç. Afr. Noire, Initiation Africaines III, 345.

Cailliet G. M., 1977 – Several approaches to the feeding ecology of fishes. In: Fish Food Habits Studies: Proceeding of the 1st Pacific Northwest Technical Workshop. Simenstad C. A. et Lipovsky S. J. (Eds). Washington Sea Grant Publication. Univ. Washington, Seattle, 1 – 13.

Cailliet G. M., K. L. Martin, D. Kusher, P. Wolf et B. A. Welden, 1983 – Techniques for Enhancing Vertebral Bands in Age Estimation of California Elasmobranchs. In Proc. Inter. Workshop on Age Determination of Oceanic pelagic Fishes, E. Prince and L.M. Pulos, NOAA Tech. Rep., NMFS, 8: 157-165.

Cailliet G. M., K. L. Martin, J. T. Harvey, David Kusher et B. A. Welden, 1983 – Preliminary Studies on the Age and Growth of Blue, *Prionace glauca*, Common Tresher, *Alopias vulpinus*, Short Mako, *Isurus oxyrinchus*, Sharks from California Waters. U. S. Dep. Commer., NOAA Tech. Rep. NMFS: 179-188.

Callard G. V., 1991 – Spermatogenesis. In Vertebrate Endocrinology: Fundamentals and Biochemical Implications, Vol. 4 Part A. Academic Press, New York: 303 – 341.

Camhi M., S. Fowler, J. Musick, A. Bräutigam et S. Fordham, 1998 – Sharks and their Relatives. Ecology and Conservation. Occasional Paper of the IUCN Species Survival Commission N° 20: 39p.

Camhi M., S. Fowler, J. Musick, A. Bräutigam et S.fordham, 1998 - Sharks and their Relatives. Ecology and conservation. Occasional Pap. Of the IUCN Species Survival Commission N° 20, 40.

Canestrini G., 1875 – Pesci In Faune Italie, 3: 208.

Capapé C. et J. P. Quignard, 1977 – Contribution à la biologie des *Triakidae* des côtes tunisiennes. I *Mustelus mediterraneus* Quignard et Capapé, 1972: Répartition géographique et bathymétrique, migrations et déplacements, reproduction, fécondité. Bull. Off. Nat. Pêc. Tunisie, 1(1): 103-123.

Capapé C. et J. P. Quignard, 1980 – Recherche sur la biologie de *Squalus blainvillei* (Risso, 1826) (Pisces, *Squalidae*) des côtes tunisiennes. Relations taille-poids du corps, du foie et des gonades. Coefficients de condition. Rapport hépato et gonadosomatique. Croissance embryonnaire. Arch. Inst. Past. Tunis, 57 (4): 385-408.

Capapé C., 1974 – Observations sur la sexualité, la reproduction et la fécondité de 8 Sélaciens pleurotrêmes, vivipares placentaires des côtes tunisiennes. Arch. Inst. Pasteur, Tunis, 51 (4): 329-344.

Capapé C., A. A. Seck et J.P. Quignard, 1999 – Observations on the reproductive biology of the angular rough shark, Oxynotus centrina (Oxynotidae). Cybium 23(3): 259-271.

Carrasson M., C. Stephanescu et J. E. Cartes, 1992 – Diets and bathymetric distribution of two bathyal sharks of catalan deep sea (western Mediterranean). Mar. Ecol. Prog. Ser., 82: 21 – 30.

Carus J. V., 1893 – Prodromus Faunae mediterranea. S. Verlagshandlung et E. Koch (Eds.), Stuyygart 2: 854.

Casey J. G. et L. J. Natanson, 1992 – Revised Estimates of Age and Growth of the Sandbar Shark (Carcharhinus plumbeus) from the Western North Atlantic. Can. J. Fish. Aquat. Sci., vol 49, 1474-1477.

Casey J. G. et L. J. Natanson, 1992 – Revised estimates of age and growth of the sandbar shark (Carcharhinus plumbeus) from the western north Atlantic. Can. J. Fish. Sci., 49: 1474 – 1477.

Casey J. G., H. L. Jr. Pratt et C.E. Stillwell, 1985 – Age and Growth of the Sandbar Shark, Carcharinus plumbeus, from the western North Atlantic. Can. J. of Fisheries and Aquatic Sci. 42: 963-975.

Castro J. I., P. M. Bubicis et N. A. Overstom, 1988 – The reproductive biology of the chain dogfish, Scyliorhinus retifer. Copeia, 3: 740 – 746.

Chapuli R. M., 1984 – Ethologie de la reproduction chez quelques requins de l'Atlantique Nord-Est. Cybium, vol. 8 (3): 1-14.

Cloquet H., 1821 – Ichtyologie. In: Dictionnaire des Sciences naturelles. Paris-Strasbourg, 14: 406-407.

Compagno L. J. V., 1984 – Sharks of the world. An annoted and illustrated catalogue of sharks species known to date. FAO Fisheries, Synopsis 125: 249.

Compagno L. J. V., 1988 – Sharks of the Order Carcharhiniformes. Princeton; Univ. Press, xxii: 572p.

Conrath C. L. et J. A. Musick, 2002 – Reproductive biology of the smooth dogfish, *Mustelus canis*, in the northwest Atlantic Ocean. Env. Biol. Fish. 64: 367-377.

Conrath C. L., J. Gelsleichter et J. A. Musick, 2002 – Age and growth of the smooth dogfish (*Mustelus canis*) in the northwest Atlantic Ocean. Fish. Bull. 100:674-682.

Cool L. V., Y. A. Romanov, B. S. Samoilenko et Y. A. Shichkow, 1974 – Recherches sur la circulation atmosphérique dans les latitudes tropicales nord-atlantiques. Polyg. Hydro. de l'atl. Ed. Nauka, 70: 20 – 45.

Cortés E. et G. R. Parsons, 1996 – Comparative demography of two populations of the bonnethead shark (*Sphyrna tiburo*). Can. J. Aquat. Sci., 53: 709-718.

Cortés E. et S. H. Gruber, 1990 – Diet, Feeding Habits and Estimates of Daily Ration of Young Lemon Shark, *Negaprion brevirostris* (Poey). Copeia, 1: 204-218.

Cortés E. et S. H. Gruber, 1994 – Effect of ration size on growth and gross conversion efficiency of young lemon shark, *Negaprion brevirostris*. J. Fish Biol., 44:331-341.

Cortés E., 1997 – A critical review of methods of studying fish feeding based on analysis of stomach contents: application to Elasmobranch fishes. Can. J. Fish. Aquat. Sci., 54:726-738.

Cortés E., C. A. Manire et R. E. Hueter, 1996 – Diet, feeding habits, and diel feeding chronology of the bonethead shark, *Sphyrna tiburo*, in Southwest Florida. Bull. Mar. Sci., 58(2): 353-367.

Costello M. J., 1990 – Predator feeding strategy and prey importance: a new graphical analysis. Brief Communication. J. Fish. Biol., 36: 261 – 263.

Cuq F., 1996 – Milieux littoraux de la région du Banc d'Arguin (Mauritanie). Second Forum du GFG: Les littoraux. Bull. Cent. Géomorphologie, 36: 43 – 46.

De Maddalena L., L. Piscitelli and R. Malandra, 2001 – The largest specimen of smooth-hound, *Mustelus mustelus* (Linnaeus, 1758), recorded from the Mediterranean Sea. Notes de l'Institut of Oceanographia and Fischeries. Split, Croatie, N° 84, 8.

Dedah S. O., 1995 – Modelling a multispecies schooling fishery in an upwelling environment, Mauritania, West Africa. Thèse Univ. Etat Louisiane, 177.

Dia M. A., 1988 – Biologie et exploitation du poulpe (*Octopus vulgaris*, Cuvier, 1797) des côtes mauritaniennes. Thèse 3ᵉ Cycle Univ. Bretagne Occid., 164.

Dodd J. M., 1983 – Reproduction in Cartilaginous Fishes (Chondrichtyes) In Fish Physiology. Ed. W. S. Hoar, D. J. Randall et E. M. Donaldson, Vol 1X (A): 31-95.

Doderlein P., 1881 – Manuale ittiologico del Mediterraneo. Palerme, 2: 119.

Domain F., 1980 – Contribution à la connaissance de l'écologie des poisons démersaux du plateau continental sénégalo-mauritanien. Les ressources démersales dans le contexte général du golfe de Guinée. Thèse d'Etat Univ. Paris VI, 350.

Domain F., 1985 – Carte sédimentologique du plateau continental mauritanien (entre le Cap Blanc et 17° N). ORSTOM/CNROP, cartes et notice explicative.

Du Buit M. H., 1974 – Contribution à l'étude des populations de raies du Nord-Est Atlantique des Faeroe au Portugal. Thèse, Fac. Sci. Paris, 170.

Dubrovin B., M. Mahfoudh et S. O. Dedah, 1991 – La ZEE mauritanienne et son environnement géographique, géomorphologique et hydroclimatique. Bull. CNROP, 23: 6 - 27.

Dubrovin B., S. O. Dedah et M. Mahfoudh, 1990 – Variabilité saisonnière de la température des eaux superficielles du plateau continental mauritanien. Cent. Nat. Rech. Océanog. et des Pêches.

Duméril A., 1865 – Elasmobranches plagiostomes et biocéphales ou chimères In: Hist. Nat. des Poissons ou Ichtyologie générale. Roret (Ed.), Paris 1: 720.

Edwards R. R. C., 1980 – Aspects of population dynamics and ecology of the white spotted stingaree, *Urolopus paucimaculatus* Dixon, in Port Phillip Bay, Victoria. Aust. J. Mar. Freshw. Res. 31: 459 –467.

Ellis J.R., M.G. Pawson et S.E. Shackley, 1996 – The comparative feeding ecology of six species of shark and four species of ray (Elasmobranchi) in the Nort-East Atlantic. J. mar. biol. Ass. U.K., 76: 89-106.

FAO, 1981 – *Triakidae*. In: Fiches FAO d'identification des espèces pour les besoins de la pêche. Atlantique Centre-Est (Fisher W., Bianchi G. & W.B. Scott, eds). Vol. V, FAO & Ministère des Pêches et des Océans du Canada.

FAO, 1991 – Draft code of practice for the full utilization of sharks. FAO Fish. Circ. 844.

Ferreira B. P. et C. M. Vooren, 1992 – Age, growth, and structure of vertebra in the school shark *Galeocerdo galeus* (Linnaeus, 1758) from southern Brazil. Fish. Bull., 89: 19 – 32.

Fowler H. W., 1936 – The marine fishes of West Africa. Bull. Nat. Mus. Hist., 70: (1): 605.

Fraga F., 1974 – Distribution des masses d'eau dans l'upwelling de Mauritanie. Tethys, 6: 5 – 10.

Francis M. P., 1981 – Von Bertalanffy Growth Rates in Species of *Mustelus* (Elasmobranchii: *Triakidae*). Copeia, 1: 189-192.

Francis M.P. et J.T. Mace, 1980 – Reproductive biology of *Mustelus lenticulatus* from Kaikoura and Nelson. N. Z. J. Mar. & Freshw. Res., 14 (3): 303-311.

Garman S., 1913 – The plogiostomia (Sharks, Skates and Rays). Mem. Mus. Comp. Zool., 36: 515.

Gelsleichter J., J. A. Musick et S. Nichols, 1999 – Food habits of the smooth dogfish, *Mustelus canis*, dusky shark, *Carcharhinus obscurus*, Atlantic sharpnose shark, *Rhizioprionodon terraenovae*, and the sand tiger, *Carcharias taurus*, from the nortwest Atlantic Ocean. Env. Biol. of Fishes, 54: 205-217.

Gérard P., 1958 – Organes reproducteurs. In Traité de Zoologie. Anatomie, Systématique, Biologie. P. P. Grassé éd., tome XIII (II): 1565-1583.

Girard M., 2000 – Distribution et reproduction de deux espèces de requins de grands fonds, les "sikis", Centrophorus squamosus et Centroscymnus coelolepis exploités dans l'Atlantique nord-est. Thèse Ecole Nat. Sup. Agro. Rennes, 214.

Girardin M., 1988 – Evolution et activité des principales flottilles industrielles démersales en Mauritanie depuis 1980. Bull. Cent. Nat. Rech. Océanog. et des Pêches, 17(1): 61 – 83.

Girardin M., 1990 – Evaluation par chalutage des stocks démersaux du plateau continental mauritanien en 1987 et 1988. Bull. Cent. Nat. Rech. Océanog. et des Pêches, 21: 22 – 37.

Girardin M., 1991 – Les ressources démersales. Bull. CNROP n° 23: 73 – 78.

Goosen A. J. J., 1997 – The reproductive, age and growth, and feeding of the spotted gully shark, Triakis megalopterus, off the Eastern Cape coast. M. Sc. Thesis, Univ. Port Elisabeth, South Africa: 97.

Goosen A.J.J. and M.J. Smale, 1997 – A prelimiary study of age and growth of the smooth-hound shark Mustelus mustelus (Triakidae). S. Afr. mar. Sci., 18: 85-91.

Goudie A.S. et N.J. Middleton, 2001 - Saharan dust storms: nature and consequences. Z. Earth-Science Reviews, 56: 179–204.

Gruber S. H. et R. G. Stout, 1983 – Biological Materials for the Study of Age and Growth in a Tropical Marine Elasmobranch, the Lemon Shark, Negaprion brevirostris (Poey). In: Proc. Inter. Workshop on Age Determination of Oceanic pelagic Fishes, E. Prince et L.M. Pulos (eds), NOAA Tech. Rep., NMFS, 8: 193-205.

Günther A., 1870 – Catalogue of the fishes in the British museum, London, 8: 549.

Hagen E. et R. Schemainda, 1987 – On the zonal distribution of South Atlantic Central Water (SACW) along a section of Cap Blanc, Northwest Africa. Oceanol. Acta, 6: 61 – 70.

Hagen E., 2001 - Northwest African upwelling scenario. Oceanol. Acta, 24 (Suppl.): 113 – 128.

Hamlett, W. C. et Th. J. Koob. 1999. Female reproductive system. in Hamlett, W.C. (Ed). 1999. Sharks, Skates and Rays. The biology of Elasmobranch fishes. John Hopkins University Press: 398-443.

Hay W. W. et J. C. Brock, 1992 – Temporal variation in intensity of upwelling off southern Africa In Upwelling systems: Evolution since the early Miocene. Geol. Soc. Spec., 64: 463 – 497.

Hazin F.H.V., M. F. Lucena, T. S. A. L. Souza, C. E. Boeckman, M. K. Broadhurst et R. C. Menni, 2000 – Maturation of the Night Shark, Carcharinus signatus, in the southwestern equatorial atlantic ocean. Bull. of Mar. Sci., 66(1): 173-185.

Hoenig J.M. et S. H. Gruber, 1990 – Life history patterns in the elasmobranchs: implications for fisheries management. In H.L. Pratt Jr., S. H. Gruber and T. Taniuchi (eds). Elasmobranchs as living resources: advances in the biology, ecology, systematics, and the status of the fisheries. U.S. Dep. Comm. NOAA Tech. Rep. NMFS, 90: 1-16.

Holden M. J., 1974 – Problems in the rational exploitation of Elasmobranch populations and some suggested solutions. In F. R. Harden Jones (editor), Sea fisheries research: 117-137.

Hynes H. B. N., 1950 – The food of freshwater sticklebacks (*Gasterosterus aculeatus* and *Pygosteus pungitius*) with a review of methods used in studies of the food of fishes. J. Anim. Ecol., 19: 36-58.

Hyslop E.J., 1980 – Stomach contents analysis-a review of methods and their application. J. Fish Biol., 17: 411-429.

Inejih C. A. O., 2000 – Dynamique spatio-temporelle et biologie du poulpe (*Octopus vulgaris*) dans les eaux mauritaniennes. Modélisation de l'abondance et aménagement des pêcheries. Thèse Univ. Bretagne Occid.: 251.

Jensen C. F., L. J. Natanson, Harold L. Pratt Jr., Nancy E. Kohler et Steven E. Campana, 2002 – The reproductive biology of the porbeagle shark (*Lamna nasus*) in the western North Atlantic Ocean. Fish. Bull., 100: 727-738.

Johnson A. G. et H. F. Horton, 1972 – Length-weight relationship, foods habits, parasites and sex and age determination of the ratfish Hydrogaleus colliei (Lay and Bennett). Fish. Bull., 70: 421-429.

Joung S. J. et C. T. Chen, 1995 – Reproduction in the Sandbar Shark, *Carcharhinus plumbeus*, in the Waters off Norteastern Taiwan. Copeia, 3: 659-665.

Khallahi O. M. F., 1995 – Analyse de l'indice d'abondance des principales espèces de sparidés à travers les campagnes de chalutage de 1982 à 1992. Bull. Cent. Nat. Rech. Océanog. et des Pêches, 26: 36 – 50.

Killam K. A. and G. R. Parsons, 1989 – Age and growth of the Blacktip Shark, *Carcharhinus limbatus*, near Tampa Bay, Florida. Fishery Bulletin, 87 (4): 845-857.

Klimley A. P., 1987 – The determinants of sexual segregation in the scalloped hammerhead, *Sphyrna lewini*. Env. Biol. Fish., 18: 27 - 40.

Knight W., 1969 – A formulation of the von Bertalanffy growth curve when the growth rate is roughly constant. J. Fish. res., Board Can., 26: 3069 – 3072.

Lafon S., J. L. Rajot, S. C. Alfaro et A. Gaudichet, 2004 - Quantification of iron oxides in desert aerosol. Atmosph. Env., 38: 1211 –1218.

Lahaye J., 1980-81 – Les cycles sexuels chez les poissons marins. Oceanis, 6(7): 637 – 654.

LaMarca M. J., 1996 – A simple technique demonstrating calcified annuli in the vertebrae of large elasmobranchs. Copeia, 2: 351 – 352.

Lange C. B., O. E. Romero, G. Wefer et A. J. Gabric, 1998 – Offshore influence of coastal upwelling off Mauritanie, NW Africa, as recorded by diatoms in sediments traps at 2195 m water depth. Deep-Sea Res., I 45: 985 – 1013.

Lenanton R. C. J., D. I. Heald, M. Platell, M. Cliff et J. Shaw, 1990 – Aspects of the reproductive biology of the gummy sharl, *Mustelus antarcticus* Gunther, from waters off the south coast of Western Australia. Aust. J. Mar. Freshw. Res., 41: 807 – 822.

Lepple F. K., 1875 – Eolian dust over the North Atlantic Ocean. Ph. D., Dissertation Univ. of Delaware, Newark: 270.

Leroux M., 1983 – Le climat de l'Afrique. Recueil de cartes édité par Champion.

Lessa P. R., 1982 – Biologie et dynamique des populations de *Rhinobatos horkelii* du plateau continental du Rio Grande do Sul, Brésil. Thèse Univ. Bret. Occid.: 238.

Lessa R., F. A. Santana et F. H. Hazin, 2004 – Age and growth of the blue shark *Prionace glauca* (Linnaeus 1758) off northeastern Brazil. Fish. Res., 66 (1): 19-30.

Lessa R.P. et Z. Almeida,1997 – Analysis of stomach contents of the smalltail shark *Carcharhinus porosus* from Nortern Brazil. Cybium, 21(2): 123-133.

Linnaeus C., 1758 – System natura. Vol. 1. Regnum animale. Holmiae: 824.

Lo Bianco S., 1909 – Notizie biologische riguardanti specialmente il periodo di maturita sessuale degli animali del golfo di Napoli. *Mitt. Zool. Sta. Neapel*: 513-761.

Lozano Rey L., 1928 – Peces in Fauna Iberica. Mus. Nac. de Ciencias Naturales, Madrid, I: 692.

Macpherson E., 1980 – Régime alimentaire de *Galeus melastomus* Rafinesque, 1810, *Etmopterus spinax* (L., 1758) et *Scymnorhinus licha* (Bonnaterre, 1788) en Méditerranée Occidentale. Vie et Milieu, 30(2): 139 - 148.

Mahadevan G., 1940 – Preliminary observations on the structure of the uterus and placenta of a few Indian Elasmobranchs. Proc. Ind. Acad. Sci., 11: 1-44.

Maigret J. et B. Ly, 1986 – Les poissons de mer de Mauritanie. Ed. Sciences Nat.: 85.

Maigret J., 1972 – Campagne expérimentale de pêche des sardinelles et autres espèces pélagiques (juillet 1970 – octobre 1971). I. Observations concernant l'océanographie et la biologie des espèces. Lab. Pêches, SCET International: 148.

Maigret J., 1976 – Contribution à l'étude des langoustes de la côte occidentale d'Afrique (Crustacés, Décapodes, Palinuridae) 1. Notes sur la biologie et l'écologie des espèces sur les côtes du Sahara. Bull. IFAN, Sér. A, 38: 266 – 302.

Manriquez M. et F. Fraga, 1982 – The distribution of water masses in the upwelling region off Northwest Africa in November. Rapp. P.V. Cons. Int. Expl. Mer, 180: 39 – 47.

Martin L. A. et G. M. Cailliet, 1988 – Age and Growth Determination of the Bat Ray, *Myliobatis californicus* Gill, in Central California. Copeia, 3:762 - 773.

Martins-Juras I.A.G., A.A. Juras et N.A. Menezes, 1987 – Relaçao preliminary do Peixes da Ilha de Sao Luis, Marhano. Rev. Bras. Zool., Sao Paulo, 4(2): 21 - 41.

Martoja R. et Martoja-Pierson, M., 1967 – Initiation aux techniques de l'histologie animale. Masson et Cie.: 345.

Maruska K. P., E. G. Cowie et T. C. Tricas, 1996 – Periodic gonadal activity and protracted mating in Elasmobranch fishes. The J. Exp. Zool., 267: 219 - 232.

Massey B. R. et M. P. Francis, 1989 – Commercial catch composition and reproductive biology of rig, *Mustelus lenticulatus* from Pegassus Bay, Canterbury, New Zealand. New Zealand J. Mar. Freshw. Res., 23: 113 – 120.

Matthews L.H., 1950 – Reproduction in the basking shark *Cetorhinus maximus* (Gunner). Phil. Trans. Roy. Soc. London B, 234: 247-316.

Maurin C. et M. Bonnet, 1969 – Le chalutage au large des côtes nord-ouest africaines. Résultats des campagnes de la "Thalassa". Science et Pêche, Bull. d'info. et de documentation de l'I.S.T.P.M., 177: 17.

Maurin C. et M. Bonnet, 1970 – Poissons des côtes nord-ouest africaines (campagne de la Thalassa 1862-1968). Sélaciens. Rév. Trav. Inst. Pêches Marit., 34(2): 125 - 170.

McCosker J.E., 1987 – The White Shark, *Carcharodon carcharias*, Has a Warm Stomach. Copeia, 1: 195 - 197.

McFarlane G. A. et J. R. King, 2003 - Migration patterns of spiny dogfish (*Squalus acanthias*) in the North Pacific Ocean. Fish. Bull., 101(2) : 358 - 367.

McFarlane G. A. et J. R. King, 2003 – Migration patterns of spiny dogfish (*Squalus acanthias*) in the North Pacific Ocean. Fish. Bull., 101: 358 – 367.

Mellinger J., 1973 – Croissance et reproduction de la Torpille (*Torpedo marmorata*). II. Croissance et variations pondérales de l'appareil digestif, particulièrement du foie. Bull. Biol. Fr. Bel., 107(3): 213 - 230.

Mellinger J., 1989 – Reproduction et développement des chondrichtyens. Oceanis, 15(3): 283 - 308.

Meunier F.J. 1992. La squelettochronologie et la détermination de l'âge chez les Chondrichthyens. *In*: "Tissus durs et Age individuel des Vertébrés". (Baglinière J.L., Castanet J., Conand F. & Meunier F.J. eds) pp. 281-298. Colloques et Séminaires, ORSTOM-INRA

Milliman G. D., 1977 – Effects of arid climate and upwelling upon the sedimentary regime of Southern Spanish Sahara. Deep. Sea Res., 24: 95 – 103.

Moranta J., C. Stefanescu, E. Massuti, B. Morales-Nin et D. Lloris, 1998- Fish community and depth-related trends on the continental slope of the Balearic Islands (Algerian basin, western Mediterranean). Mar. Ecol. Prog. Ser., 171: 247-259.

Moreau E., 1881 – Histoire naturelle de Poissons de la France. G. Masson (Ed.), Paris I: 280.

Morte S., M. J. Redon, et A. Sanz-Brau, 1997 – Feeding habits of juvenile *Mustelus mustelus* (Carcharhiniformes, *Triakidae*) in the western Mediterranean. Cah. Biol. Mar., 38: 103-107.

Müller J. et F. G. Henle, 1841– Systematische Beschreibung der Plagiostomen. Berlin: 204.

Munoz-Chapuli R. et F. Ramos, 1989 – Review of the *Centrophorus sharks* (Elasmobranchii, *Squalidae*) of the Eastern Atlantic. Cybium, 13(1): 65 - 81.

Musick J. A., G. Burgess, G. Cailliet, M. Camhi et S. Fordham, 2000 - Management of Sharks and their Relatives. AFS Policy Statement. Fisheries, 25(3): 9 – 13.

Musick J. A., G. Burgess, G. M. Cailliet, M. Camhi et S. Fordham, 2000 – Management of sharks and their relatives (Elasmobranchii). Fisheries, 25(3): 9 - 13.

Natanson L. J. et G. M. Cailliet, 1986 – Reproduction and Development of the Pacific Angel Shark, *Squatina californica*, off Santa Barbara, California. Copeia, 4: 987 - 994.

Natanson L.J., J. G. Casey, and N. E. Kohler, 1995 – Age and growth estimates for the dusky shark, *Carcharhinus obscurus*, in the western North Atlantic Ocean. Fish. Bull., 93(1): 116 - 126.

Natanson L.J., J.G. Casey, N.E. Kohler et T. Colket IV, 1999 – Growth of the tiger shark, *Galeocerdo cuvier*, in the western North Atlantic based on tag returns and length frequencies; and a note on the effects of tagging. Fish. Bull., 97: 944 - 953.

Nieuwolt S., 1977 – An introduction to the climates of the low latitudes. John Wiley & Sons, Inc., New York: 207.

Otake T., 1990 – Classification of reproductive modes in sharks with comments on female reproductive tissues and structure. In Elasmobranchs as living resources. H. L. Pratt Jr., S. H. Gruber et T. Taniuchi (eds): NOAA Tech. Rep. NMFS: 111 – 130.

Parsons G. R., 1982 – The reproductive biology of the atlantic sharpnose shark, *Rhizoprionodon terranovae*. Fish. Bull., 81: 61 – 73.

Parsons G.R. et H.J. Grier, 1992 – Seasonal Changes in Shark Testicular and Spermatogenesis. J. Exp. Zool., 261: 173 - 184.

Pedersen S.A., 1995 - Feeding habits of starry ray (*Raja radiata*) in west Greenland waters. ICES J. Mar. Sci., 52: 42 - 43.

Peres M.B. et C.M. Vooren, 1991 – Sexual development, Reproductive Cycle, and Fecundity of the School Shark *Galeorhinus galeus* off Southern Brazil. Fish. Bull. U.S., 89: 655 - 667.

Peters M., 1976 – The spreading of water masses of the Banc d'Arguin in the upwelling area of the northern Mauritanian coast. Meteor Forsch-Ergebn A., 18: 78 – 100.

Pratt H. L. Jr. et J. G. Casey, 1983 - Age and Growth of the Shortfin Mako, *Isurus oxyrinchus*. Canad. J. Fish. Aquat. Sci., 40: 1944 - 1957.

Pratt H. L. Jr., 1988 – Elasmobranch Gonad Structure: A description and Survey. Copeia, 3: 719 - 729.

Pratt H.L. Jr, 1979 – Reproduction in the blue shark, *Prionace glauca*. Fish. Bull., 77: 445 - 470.

Pratt H.L. Jr. et J. G. Casey, 1990 – Shark Reproductive Strategies as a Limiting Factor in Directed Fisheries, with a Review of Holden's Method of Estimating Growth-Prameters In Elasmobranchs as Living Resources: Advances in Biology, Ecology, Systematics and Status of the Fisheries (ed.) Pratt H.L. Jr., S. H. Gruber et T. Taniuchi. U. S. Dep. Commer. NOAA Tech. Rep. NMFS, 90: 97 - 109.

Pratt H.L. Jr., 1993 – The storage of spermatozoa in the oviductal glands of western North Atlantic shark. Env. Biol. Of Fishes, 38: 139 - 149.

Prospero J. M., 1999 - Long-range transport of mineral dust in the global atmosphere: Impact of African dust on the environment of the southeastern United States. Proc. Natl. Acad. Sci. USA, 96: 3396 – 3403.

Quignard J.P. et C. Capapé, 1972 – Note sur les espèces méditerranéennes du genre *Mustelus* (Selachii, Galeoidea, Triakidae). Rev. Trav. Inst. Peches Marit., 36: 15 - 29.

Ranzi S., 1934 – Le basi fisio-morfologische dello sviluppo embrionale dei Selaci – Parti II et III. Publ. Staz. Zool. Napoli, 13: 331 - 437.

Rey J., E. Massuti et Gil de Sola, 1996 – Distribution and biology of the Blackmouth Catshark *Galeus melanostomus* in the Alboran Sea (South-western Mediterranean). Scientific Coun. Meet. Ser., 4717: 12.

Reyssac J., 1977 – Hydrologie, phytoplancton et production primaire de la Baie du Lévrier et du Banc d'Arguin. Bull. IFAN, Sér. A, 39: 487 – 550.

Richards S. W., D. Merriman et L. H. Cathoun, 1963 – Studies on marine resources of southern New England IX. The biology of the little skate, *Raja erinacea* Mitchill. Bull. Bingham Oceanog. Coll., 18(3): 4 – 67.

Risso A., 1826 – Histoire naturelle des principales productions de l'Europe méridionale et particulièrementr de celles des environs de Nice et des Alpes maritimes. Levrault F. G. (Ed.), Paris, 3: 480.

Roff D. A., 1980 – A motion for Retirement of the Von Bertalanffy Function. Can. J. Fish. Aquat. Sci., 37: 127 - 129.

Rossignol M., 1973 – Contribution à l'étude du "Complexe guinéen". Doc. ORSTOM, Cayenne - Océanog., 17: 143.

Rossouw G. J., 1987 – Function of the liverand hepatic lipids of the lesser sand shark *Rhinobatos annulatus* Müler et Henle. Comp. Biochem. Physiol., 86 B: 785 – 790.

Roy C., C. Reason, 2001 - ENSO related modulation of coastal upwelling in the eastern Atlantic. Prog. Oceanog., 49: 245 – 255

Ryther, J.H., 1969 - Photosynthesis and fish production in the sea. Science, 130: 72 - 76.

Savoie D. L. et J. M. Prospero, 1977 – Aerosol concentration statistics for the northern Tropical Atlantic. Journal of Geophys. Res., 82 (37): 5954 - 5964.

Schemainda R., D. Nehring et S. Schulz, 1975 – Ozeanologische Untersuchungen zum Produktionspotential der northwestafricanischen wasserauftriebsregion 1970-73. Geod. Geoph. Veröff., R. IV, H., 16: 68.

Seki T., T. Taniuchi, N. Hideki et M. Shimizu, 1998 – Age and Growth and Reproduction of the Oceanic Whitetip Shark from the Pacific Ocean. Fish. Sci., 64(1): 14 - 20.

Simpfendorfer C. A. et P. Unsworth, 1998 – Reproductive biology of the whiskery shark, *Furgaleus macki*, off south-western Australia. Mar. Freshw. Res., 49: 687 - 693.

Simpfendorfer C. A., A. M. Kitchingman et R.B. McAuley, 2002 - Distribution, biology and fisheries importance of the pencil shark, *Hypogaleus hyugaensis* (Elasmobranchii : Triakidae), in the waters off south-western Australia. Mar. Freshw. Res., 53 (4) : 781-789.

Smale M. J. et L.J.V. Compagno, 1997 – Life history and diet of two southern african smoothound sharks, *Mustelus mustelus* (Linnaeus, 1758) and *Mustelus palumbes* (Smith, 1957)(Pisces : *Triakidae*). S. Afr. J. mar. Sci., 18 : 229 - 248.

Smith S. E., D. W. Au et C. Show, 1998 – Intrinsic rebound potentials of 26 species of Pacific sharks. Mar. Freshw. Res., 41: 663 – 678.

Smith S. E., R. A. Michell, D. Fuller, 2003 – Age-validation of a leopard shark (*Triakis semifasciata*) recaptured after 20 years. Fish. Bull., 101(1): 194 – 198.

Snelson F. F., S. E. Williams-Hooper et T. H. Scmidt, 1989 – Biology of the bluntnose stingray, *Dasyatis sayi*, in Florida coastal lagoons. Bull. Mar. Sci., 45: 15 – 25.

Sprengel C., K. H. Baumann, J. Henderiks, R. Henrich et S. Neuer, 2002 - Modern coccolithophore and carbonate sedimentation along a productivity gradient in the Canary Islands region: seasonal export production and surface accumulation rates. Deep-Sea Research II, 49: 3577 – 3598.

Springer S., 1967 – Social organisation of shark population. In Sharks, Skates and Rays. Gilbert P. W., Mattheuwson R. F. et D. P. Rall (Eds). Baltimore: Johns Hopkins Press: 149 – 174.

Stanley H. P., 1966 – The structure and development of the seminiferous follicle in *Scyliorhinus canicula* and *Torpedo marmorata* (Elasmobranchii). Z. Zellforsch. Milkrosk. Anat., 75: 453 - 468.

STATISTICA, 2002 - Logiciel d'analyse de données, version 6 StatSoft France (www.statsoft.com).

Swap R., S. Ulanski, M. Cobbett et M.Garstang, 1996 - Temporal and spatial characteristics of Saharan dust outbreaks. Journal Z.of Geophysical Research, 101(D2): 4205 – 4220.

Szekielda K. H., 1978 – Eolian dust into the northeast Atlantic upwelling area along the North West coast of Africa. Oceanog. Mar. Biol. Ann. Rev., 16: 11 – 41.

Tanaka M., B. C. Weare, A. R. Navato et R. E. Newell, 1975 – Recent African rainfall patterns. Nature of London, 225: 201 – 203.

Tanaka S. et K. Mizue, 1979 – Studies on Sharks – XV. Age and Growth of Japanese Dogfish *Mustelus monazo* Bleeker in the East China Sea. Bull. Jap. Soc. of Scientific Fisheries, 45 (1): 43 - 50.

Tanaka S., Y. Shiobara, S. Hioki, H. Abe, G. Nishi, K. Yano et K. Suzuki, 1990 – The reproductive biology of the frilled shark, *Chlamydoselachus anguineus*, from Suruga Bay, Japan. Jap. J. Ichtyology, 37: 273 – 300.

Taniuchi T., N. Kuroda et Y. Nose, 1983 – Age, Growth, Reproduction, and Food Habits of the Starspotted Dogfish *Mustelus monazo* Collected from Choshi. Bull. Jap. Soc. of Sci. Fish., 49(9):1325-1334.

Tchernikov P. et A. Damiano, 1989 – Régime hydrologique de la Zone Economique Exclusive de Mauritanie de 1977 à 1989. Bull. Cent. Nat. Rech. Océanog. et des Pêches.

Te Winkel L. E., 1950 – Notes on ovulation, ova, and early development in the smooth dogfish, *Mustelus canis*. Biol. Bull., 99: 474 - 486.

Te Winkel L. E., 1963 – Notes on the smooth dogfish *Mustelus canis*, during the first three months of gestation. II. Structural modifications of yolk-sacs and yolk-stalks correlated with increasing absorptive function. J. Exp. Zool., 152: 123 - 137.

Templeman W., 1944 – The life history of the spiny dogfish (Squalus acanthias) and the vitaminA values of dogfish liver oil. Newfound Dep. Nat. Resour. Res. Bull., 15: 102.

Teshima K., 1981 – Studies on reproduction of Japanese smooth dogfishes, *Mustelus monazo* and *M. griseus*. J. Shimonoseki Univ. Fish., 29(2): 119 - 199.

Teshima K., M. Ahmad et K. Mizue, 1978 – Studies on Sharks-XIV. Reproduction in the Telok Anson Shark Collected from Perak River, Malaysia. Jap. J. Ichthyo., 25(3): 181 - 189.

Teshima K., Y. Kamei, M. Toda et S. Uchida, 1995 – Reproductive mode of the tawny nurse shark taken from the Yaeyama Islands, Japan, with comments on individuals lacking the second dorsal fin. Bull. Seikai Nat. Fish. Res. Inst., 73: 1 - 12.

Tixerant G., 1974 – Contribution à l'étude de la biologie du maigre ou courbine. Thèse, Univ. Aix Marseille, 144.

Tomczak M. Jr., 1982 – The distribution of water masses at the surface as derived from T-S diagram. analysis in the CINECA area. Rapp. PV-Réunion. Cons. Int. Expl. Mer, 180: 48 – 49.

Tortonèse E., 1956 – Leptocardia, Ciclostoma, Selachii. In Fauna d'Italia. Calderini (Ed.), Bologna: 334.

Von Bertalanffy L., 1938 – A quantitative theory of organic growth (inquiries on growth laws. II). Hum. Biol., 10: 181-213.

Wanthy B., 1983 – Introduction à la climatologie du golfe de Guinée. Océanog. Trop., 18(2): 103 – 138.

Wenbin Z. et Q. Shuyuan, 1993 – Reproductive biology of guitarfish, *Rhinobatos hynnicephalus*. Env. Biol. Of Fishes, 38: 81 - 93.

Wetherbee B. M., S.H. Gruber et E. Cortés, 1990 – Diet feeding habits, digestion and consumption in sharks, with special reference to the lemon shark, *Negaprion brevirostris*. NOAA Tech. Rep. NMFS, 90: 29 - 47.

Wetherbee B.M., 1996 – Distribution and reproduction of the southern lantern shark from New Zealand. J. Fish. Biol., 49: 1186 - 1196.

Wheeler A., 1969 – The fishes of the British Isles and North West Europe. Macmillan (Ed.), Londres: 613.

White W. T., M. E. Platell et I. C. Potter, 2004 – Comparisons between the diets of four abundant species of Elasmobranchs in a subtropical embayment: implications for resource partitioning. Mar. boil., 144: 439 - 448.

Wijnsma G., W. J. Wolff, A. Meijboom, P. Duiven et J. De Vlas, 1999 – Species richness and distribution of benthic tidal flat fauna of the Banc d'Arguin, Mauritania. Oceanol. Acta, 22(2): 233 – 243.

Wintner S. P. et G. Cliff, 1996 – Age and Growth determination of the blacktip shark, *Carcharhinus limbatus*, from the east coast of South Africa. Fish. Bull., 94(1): 135-144.

Wood-Mason J. et A. Alcook, 1891 – On the uterine villiform papillae of *Pteroplata micrura*, and their relation to the embryos. Proc. Roy. Soc. London, 49: 359 – 367.

Wooster W. S., A. Bakun et D. R. McLain, 1976 – The seasonal upwelling cycle along the eastern boundary of the North Atlantic. J. Mar. Res., 34(2): 131 – 141.

Wourms J., 1977 – Reproduction and development in Chondrichtyan fishes. Amer. Zool. 17: 379 - 410.

Wozniak St., 1970 – Some observations on upwelling in the area of Cap Blanc, June-August 1963. Rapp. PV-Réunion. Cons. Int. Expl. Mer, 154: 74 – 78.

Yamaguchi A., T. Taniuchi, et M. Shimizu, (1997) – Reproductive biology of the starspotted dogfish *Mustelus monazo* from Tokyo Bay, Japan. Fish. Sci., 63: 918 – 922.

Yamaguchi A., T. Taniuchi, et M. Shimizu, 1996 – Age and Growth of the Starspotted Dogfish *Mustelus monazo* from Tokyo Bay, Japan. Fisheries Sci., 62 (6): 919 - 922.

Yamaguchi A., T. Taniuchi, et M. Shimizu, 1998 – Geographic Variation in Growth of the Starspotted Dogfish *Mustelus monazo* from Five Localities in Japan and Taiwan. Fish. Sci., 64(5): 732 - 739.

Yano K., 1993 – Reproductive biology of the slender smoothhound, *Gollum attenuatus*, collected from New Zealand wters. Environmental Biology of Fishes, 38: 59 - 71.

Yudin K. G. et G. M. Cailliet, 1990 – Age and Growth of the Gray Smoothound, *Mustelus californicus*, and the Brown Smoothound, *M. henlei*, Sharks from Central California. Copeia, 1: 191 - 204.

Zaret T. et S. Rand, 1971 – Competition in tropical stream fishes. Support for the competitive exclusion principle. Ecology, 52(2): 336 - 342.

Zegouagh Y., S. Derenne, C. Largeau, P. Bertrand, M. A. Sicre, A. Saliot, B. Rousseau, 1999 - Refractory organic matter in sediments from the north-west African upwelling system: abundance, chemical structure and origin. Organic Geochemistry, 30: 83 – 99.

Zeitfracht Medien GmbH
Ferdinand-Jühlke-Straße 7
99095 Erfurt, Deutschland
produktsicherheit@kolibri360.de

Druck:
CPI Druckdienstleistungen GmbH
im Auftrag der
Zeitfracht Medien GmbH
Ein Unternehmen der Zeitfracht - Gruppe
Ferdinand-Jühlke-Str. 7
99095 Erfurt